"十三五"国家重点出版物出版规划项目

高性能高分子材料丛书

U0170434

全息高分子材料

解孝林　彭海炎　倪名立　著

科学出版社

北　京

内 容 简 介

本书为"高性能高分子材料丛书"之一。全息高分子材料属高分子科学与光学、材料学的交叉领域,是化学和材料科学的研究前沿。全书共分8章。首先简要介绍全息技术及其在三维显示、高密度数据存储、全息防伪等高新技术领域的应用,重点介绍典型的全息记录材料及其主要性能参数。然后从材料制备原理、组成、结构与性能调控、应用与展望等方面,系统介绍模压全息高分子材料、全息光折变高分子材料、全息高分子/液晶复合材料、全息高分子/纳米粒子复合材料、全息高分子/液晶/纳米粒子复合材料、二阶反应型全息高分子材料,最后对含枝状高分子、离子液体、锂盐、二炔、杜瓦苯和光致异构分子的新型全息高分子材料进行介绍。

本书可供高分子科学与工程、材料化学与物理、光学工程、液晶、传感器、显示技术、信息存储以及防伪技术等领域的科技工作者参考,也可作为高等学校化学、材料科学与工程、光学工程、信息工程及相关专业研究生与高年级本科生的教材。

图书在版编目(CIP)数据

全息高分子材料 / 解孝林,彭海炎,倪名立著. —北京:科学出版社,2020.6

(高性能高分子材料丛书 / 蹇锡高总主编)

"十三五"国家重点出版物出版规划项目

ISBN 978-7-03-065239-3

Ⅰ. ①全… Ⅱ. ①解… ②彭… ③倪… Ⅲ. ①高分子材料-研究 Ⅳ. ①TB324

中国版本图书馆 CIP 数据核字(2020)第 088889 号

丛书策划:翁靖一

责任编辑:翁靖一 / 责任校对:杜子昂

责任印制:吴兆东 / 封面设计:东方人华

科学出版社 出版

北京东黄城根北街 16 号

邮政编码:100717

http://www.sciencep.com

北京建宏印刷有限公司印刷

科学出版社发行 各地新华书店经销

*

2020 年 6 月第 一 版 开本:720 × 1000 1/16

2024 年 4 月第四次印刷 印张:12 1/2

字数:252 000

定价:149.00 元

(如有印装质量问题,我社负责调换)

编 委 会

学 术 顾 问：毛炳权　曹湘洪　薛群基　周　廉　徐惠彬

总　　主　　编：蹇锡高

常务副总主编：张立群

丛书副总主编(按姓氏汉语拼音排序)：

　　陈祥宝　李光宪　李仲平　瞿金平　王锦艳　王玉忠

丛 书 编 委(按姓氏汉语拼音排序)：

　　董　侠　傅　强　高　峡　顾　宜　黄发荣　黄　昊

　　姜振华　刘孝波　马　劲　王笃金　吴忠文　武德珍

　　解孝林　杨　杰　杨小牛　余木火　翟文涛　张守海

　　张所波　张中标　郑　强　周光远　周　琼　朱　锦

总　序

自 20 世纪初，高分子概念被提出以来，高分子材料越来越多地走进人们的生活，成为材料科学中最具代表性和发展前途的一类材料。我国是高分子材料生产和消费大国，每年在该领域获得的授权专利数量已经居世界第一，相关材料应用的研究与开发也如火如荼。高分子材料现已成为现代工业和高新技术产业的重要基石，与材料科学、信息科学、生命科学和环境科学等前瞻领域的交叉与结合，在推动国民经济建设、促进人类科技文明的进步、改善人们的生活质量等方面发挥着重要的作用。

国家"十三五"规划显示，高分子材料作为新兴产业重要组成部分已纳入国家战略性新兴产业发展规划，并将列入国家重点专项规划，可见国家已从政策层面为高分子材料行业的大力发展提供了有力保障。然而，随着尖端科学技术的发展，高速飞行、火箭、宇宙航行、无线电、能源动力、海洋工程技术等的飞跃，人们对高分子材料提出了越来越高的要求，高性能高分子材料应运而生，作为国际高分子科学发展的前沿，应用前景极为广阔。高性能高分子材料，可替代金属作为结构材料，或用作高级复合材料的基体树脂，具有优异的力学性能。这类材料是航空航天、电子电气、交通运输、能源动力、国防军工及国家重大工程等领域的重要材料基础，也是现代科技发展的关键材料，对国家支柱产业的发展，尤其是国家安全的保障起着重要或关键的作用，其蓬勃发展对国民经济水平的提高也具有极大的促进作用。我国经济社会发展尤其是面临的产业升级以及新产业的形成和发展，对高性能高分子功能材料的迫切需求日益突出。例如，人类对环境问题和石化资源枯竭日益严重的担忧，必将有力地促进高效分离功能的高分子材料、生态与环境高分子材料的研发；近 14 亿人口的健康保健水平的提升和人口老龄化，将对生物医用材料和制品有着内在的巨大需求；高性能柔性高分子薄膜使电子产品发生了颠覆性的变化；等等。不难发现，当今和未来社会发展对高分子材料提出了诸多新的要求，包括高性能、多功能、节能环保等，以上要求对传统材料提出了巨大的挑战。通过对传统的通用高分子材料高性能化，特别是设计制备新型高性能高分子材料，有望获得传统高分子材料不具备的特殊优异性质，进而有望满足未来社会对高分子材料高性能、多功能化的要求。正因为如此，高性能高分子材料的基础科学研究和应用技术发展受到全世界各国政府、学术界、工业界的高度重视，已成为国际高分子科学发展的前沿及热点。

因此，对高性能高分子材料这一国际高分子科学前沿领域的原理、最新研究进展及未来展望进行全面、系统地整理和思考，形成完整的知识体系，对推动我国高性能高分子材料的大力发展，促进其在新能源、航空航天、生命健康等战略新兴领域的应用发展，具有重要的现实意义。高性能高分子材料的大力发展，也代表着当代国际高分子科学发展的主流和前沿，对实现可持续发展具有重要的现实意义和深远的指导意义。

为此，我接受科学出版社的邀请，组织活跃在科研第一线的近三十位优秀科学家积极撰写"高性能高分子材料丛书"，内容涵盖了高性能高分子领域的主要研究内容，尽可能反映出该领域最新发展水平，特别是紧密围绕着"高性能高分子材料"这一主题，区别于以往那些从橡胶、塑料、纤维的角度所出版过的相关图书，内容新颖、原创性较高。丛书邀请了我国高性能高分子材料领域的知名院士、"973"项目首席科学家、教育部"长江学者"特聘教授、国家杰出青年科学基金获得者等专家亲自参与编著，致力于将高性能高分子材料领域的基本科学问题，以及在多领域多方面应用探索形成的原始创新成果进行一次全面总结、归纳和提炼，同时期望能促进其在相应领域尽快实现产业化和大规模应用。

本套丛书于 2018 年获批为"十三五"国家重点出版物出版规划项目，具有学术水平高、涵盖面广、时效性强、引领性和实用性突出等特点，希望经得起时间和行业的检验。并且，希望本套丛书的出版能够有效促进高性能高分子材料及产业的发展，引领对此领域感兴趣的广大读者深入学习和研究，实现科学理论的总结与传承，科技成果的推广与普及传播。

最后，我衷心感谢积极支持并参与本套丛书编审工作的陈祥宝院士、李仲平院士、瞿金平院士、王玉忠院士、张立群教授、李光宪教授、郑强教授、王笃金研究员、杨小牛研究员、余木火教授、解孝林教授、王锦艳教授、张守海教授等专家学者。希望本套丛书的出版对我国高性能高分子材料的基础科学研究和大规模产业化应用及其持续健康发展起到积极的引领和推动作用，并有利于提升我国在该学科前沿领域的学术水平和国际地位，创造新的经济增长点，并为我国产业升级、提升国家核心竞争力提供该学科的理论支撑。

中国工程院院士
大连理工大学教授

　　高性能高分子材料是高分子科学和材料科学的前沿交叉领域，分为高性能高分子结构材料和高性能高分子功能材料两大类。高性能高分子结构材料具有高模量、高强度、耐高温的特点，兼具高分子材料质轻、金属材料强度高和耐高温的优点，在电子、电气、车辆、建筑、航空、航天、国防等领域发挥了"以塑代钢"的作用，有力地推动了经济社会发展。高性能高分子功能材料具有优异的电学、磁学、声学、光学、热学、生物医学等方面的功能，兼具高分子材料易加工和无机非金属材料多功能的优点，在微电子、光电子、能源、生物医用等器件器械中发挥了"硬核科技"的作用，有力地推动了集成电路、人工智能、智能制造、新能源、健康医学、军事技术等高新技术的进步。全息高分子材料的研究可追溯到 20 世纪 60 年代末 70 年代初发明的光聚合物材料，其研究与其他高性能高分子功能材料同步，在三维显示、全息防伪等高新技术领域发挥了重要作用，在高密度数据存储、传感、光学元件、光刻、增材制造、微操控、超快成像等领域的应用也备受关注，应用前景广阔。

　　本书第 1 章简要介绍全息技术的概念、历史、原理及其在三维显示、高密度数据存储、全息防伪等高新技术领域的应用，然后重点介绍几类典型的全息记录材料及其主要性能参数，便于读者对全息技术及其材料需求有一个全面的了解。第 2~7 章从材料制备原理、组成、结构与性能调控、应用与展望等方面，系统介绍模压全息高分子材料、全息光折变高分子材料、全息高分子/液晶复合材料、全息高分子/纳米粒子复合材料、全息高分子/液晶/纳米粒子复合材料、二阶反应型全息高分子材料等六类全息高分子材料，使读者能够对全息高分子材料的过去、现状和未来有一个全面的了解。第 8 章介绍含枝状高分子、离子液体、锂盐、二炔、杜瓦苯和光致异构分子的新型全息高分子材料，其多功能、高性能必将极大地拓展全息高分子材料的应用领域，在信息技术"大爆炸"的 21 世纪发挥更大的作用。

　　在书稿完成之际，作者团队负责人要感谢四川大学吴大诚教授。团队负责人正是在吴老师的指导下将高分子液晶作为博士学位论文选题，从 1993 年开始学习、研究高分子液晶至今，从未间断，并拓展到全息高分子材料领域。2005 年，作者团队负责人与同事们共同创建了国家防伪工程技术研究中心，并担任防伪材料与结构研究室主任。先后承担了国家防伪工程技术研究中心建设项目"耐热抗磨损全息烫印材料"和"折射率可调聚合物薄膜与光可变技术"、国家杰出青年科学基金项目"聚合物/液晶复合材料"(50825301)、湖北省创新群体"激光全息聚合物分散液晶材料"(2009CDA047)、湖北省科技支撑计划"高性能模压全息防伪涂料的研究与应用"(2014BAA103)、国家自然科学基金重点项目"聚合物/液晶有序复合材料的结构调控与性能"(51433002)、华中科技大学"登峰计划"项目"彩色全息打印高分子复合材料"等相关科研项目,培养了相关研究领域的博士后 2 名(杨志方、李晖)、博士 5 名(杨应奎、毕曙光、郑成赋、彭海炎、倪名立)、硕士 11 名(王小涛、程芳、吕琛琛、史小靖、蒋曼、刘凤珍、石祖锋、余磊、王晖、张小梅、Trent William Bohl)。2017 年 9 月,有幸参加科学出版社主办的"高性能高分子材料丛书"第一次编委会,历时 2 年多时间完成了本书稿,作者团队在全息高分子材料领域的相关研究工作写入了部分章节。

作者团队要感谢"高性能高分子材料丛书"总主编蹇锡高院士、常务副总主编张立群教授和副总主编、编委对书稿的选题、立项给予的指导和帮助!感谢科学出版社李锋总编辑、杨震分社长和翁靖一编辑对本书出版给予的支持和鼓励!

作者团队还要感谢课题组的博士研究生陈冠楠、赵骁宇、郝兴天、王艺璇、赵晔以及硕士研究生王晖、张小梅、周珍妮、罗文对完成本书稿做出的重要贡献,博士研究生阮欢、魏炜、陈杰、王丹以及硕士研究生徐绍钦、洪鸽、卓国鹏、胡娜、赵诺男参与校稿。此外,武汉华工图像技术开发有限公司郑成赋博士和杨志方博士为本书稿提出了诸多修改建议,在此一并表示衷心的感谢!

由于作者时间和精力有限,书中难免有疏漏或不妥之处,敬请广大读者批评指正!

解孝林

2020 年 4 月

目　录

1.1 全息技术及其原理 ◄◄◄

全息技术(holography)是一种记录光波的振幅和相位等全部信息的技术[1]，由匈牙利科学家 Gabor 于 1948 年提出[2]。Gabor 因此获得了 1971 年诺贝尔物理学奖[3]。全息技术创新的精髓在于波前再现(wave-front reconstruction)，它是电子显微镜研究的"副产物"。Gabor 为提高电子显微镜的图像分辨率，在 Bragg 的 X 射线衍射和 Zernike 的光学相干法存储光波相位这两个工作的启发下[4]，提出如下设想：首先，将携带有被测量物体振幅和相位等全部信息的电子束与背景电子束相干，以干涉光斑的形式将物体的全部信息存储；然后，采用可见光对干涉光斑进行波前再现，从而显示被测量物体的全部信息。为验证该设想的可行性，Gabor 采用窄频滤波片对汞弧灯进行滤波，然后照射印有文字的玻璃片，发现经过文字的散射光(即物光)与直接透过的光(即参考光)在胶片上形成了干涉图案。在可见光照射下，该干涉图案显示了裸眼可见的文字(图 1-1)。

Gabor 结合希腊语的 "holos"(全部)与 "gramma"(信息)，将上述干涉图案命名为全息图(hologram)[4]。由于物光与参考光在同一直线上(即同轴)，这种全息图被称为同轴全息图。第一幅全息图存储的文字是：HUYGENS、YOUNG 和 FRESNEL，以致敬波前再现的三位先驱。由于遇到光源的相干性不高、共轭像与原始像难以分离这两大技术瓶颈，同轴全息图的质量不高，进而导致全息技术的发展停滞。20 世

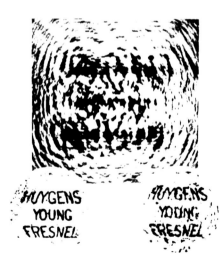

图 1-1　第一幅全息图(上)及其波前再现图(下)[4]

纪 60 年代，激光器的出现解决了光源的相干性问题。1962 年，美国密歇根大学的 Leith 和 Upatnieks 以激光作为光源发明了离轴全息[5]，即物光与参考光不在同一直线上，从而使全息图的共轭像与原始像分离。基于以上两个突破，全息技术获得了新的活力，发生了如表 1-1 所示的一些标志性事件，实现了全息技术的快速发展。

表 1-1　全息技术发展的标志性事件

年份	人物/主体	事件
1948	Gabor	发明同轴全息、提出全息概念[2]
1962	Leith, Upatnieks	发明离轴全息(激光再现、单色)[5]
1962	Denisyuk	发明李普曼全息(白光再现、单色)[6]
1969	Benton	发明彩虹全息(白光再现、彩色)[7]
1969	Kogelnik	建立全息耦合波理论[8]
1971	Gabor	获诺贝尔物理学奖
1974	Yatagai	发明计算全息[9]
1978	Chen, Yu	提出单步法彩虹全息[10]
1983	VISA, MASTER	首次采用全息图作为防伪标识
1984	美国《国家地理》	封面首次采用全息图

通过光学相干方法将光波的振幅信息及相位信息转换为空间上的强度信息是全息记录的关键。光波交汇后发生干涉的条件是：频率相同、相位差恒定、振动方向一致。干涉发生后，光强在空间上的分布通常表现为明暗相间的条纹。以双光束干涉实验为例，干涉图案中光强 I 的分布为[1]

$$I = H(x,y) \times H^*(x,y) = [R_H(x,y) + O_H(x,y)] \times [R_H^*(x,y) + O_H^*(x,y)]$$
$$= |R_H|^2 + |O_H|^2 + 2\vec{R}_{H_0}\vec{O}_{H_0}\cos(\phi_O - \phi_R) \tag{1-1}$$

式中：H 为物光与参考光的复振幅矢量之和；*表示共轭复数；ϕ 为光波相位。物光复振幅矢量 O_H 和参考光复振幅矢量 R_H 的振幅分别为

$$O_H(x,y) = \vec{O}_{H_0}(x,y) \cdot \exp[i\phi_O(x,y)]$$
$$R_H(x,y) = \vec{R}_{H_0}(x,y) \cdot \exp[i\phi_R(x,y)] \tag{1-2}$$

从式(1-1)可以看出，干涉条纹中的光强呈正弦函数分布(习惯性表达，正弦函数与余弦函数可换算)。若物光与参考光的相位差为π的偶数倍，相干增强，产生亮条纹，对应的区域为相干亮区；若相位差是π的奇数倍，相干减弱，产生暗条纹，对应的区域为相干暗区。等光强双光束相干形成的干涉图案如图 1-2 所示。

图 1-3 给出了一种离轴全息的图像记录与再现过程示意图。在全息记录过程中，一束激光被分光镜分成两束同源相干光，其中一束光照射物体进而产生反射光(简称物光)，然后照射全息记录介质[图 1-3(a)]；另一束光(简称参考光)则直

接照射全息记录介质，并与物光相干，最终形成光栅结构，存储物光的振幅信息和相位信息，制得全息图。根据光路可逆的原理，全息记录过程中的参考光可作为全息图的再现光，实现物体三维(3D)图像的再现[图 1-3(b)]。

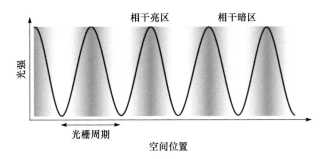

图 1-2　等光强双光束相干形成的干涉图案及光强分布

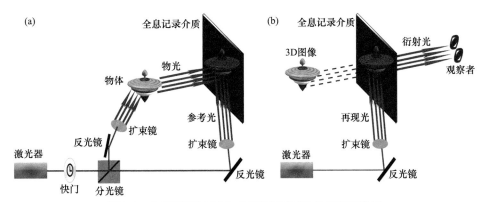

图 1-3　全息图记录(a)与全息图再现(b)的原理示意图

　　全息图的图像再现是一个衍射过程。当采用照明光波对全息图进行波前再现时，全息图内的光栅结构使光的传播方向发生偏移，即发生衍射。当采用白光再现全息图时，色散效应导致多个波长的再现图像相互交叠而模糊不清[图 1-4(a)和图 1-4(b)][11-13]。当采用激光再现全息图时，再现图像则清晰可见[图 1-4(c)]。

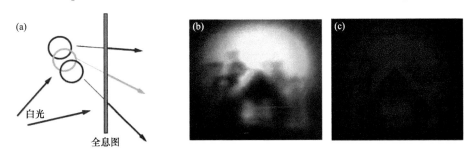

图 1-4　(a)白光再现全息图的色散示意图；(b)白光再现的离轴全息图；
(c)激光再现的离轴全息图[13]

根据波动光学理论，再现图像的像模糊程度可采用图像扩展宽度Δx衡量，取决于物体的像与全息记录介质之间的距离z以及再现光波的半峰宽$\Delta\lambda$，即

$$\Delta x \propto z \times \Delta\lambda \tag{1-3}$$

可见，减小z或$\Delta\lambda$是抑制像模糊、提高再现图像质量的有效途径。为此，美国宝丽来公司(Polaroid Corporation) Benton 发明了像全息技术，俄罗斯科学院 Denisyuk 提出了李普曼全息技术[6,7,14]。像全息技术是通过光路设计，使被记录物体的像位于记录介质所在平面附近或平面内的全息技术[15]。根据式(1-3)，当物体的像位于记录介质所在平面时，z值近乎为0，可有效抑制色散导致的像模糊。像全息采用的光路系统有两种：一种是通过透镜将物体的像倒映在记录介质所在平面[图 1-5(a)]；另一种是先将物体的像记录在"母版"中，再用激光照射母版，进而将再现像投影到记录介质所在平面内[图 1-5(b)]。李普曼全息技术则是将物光与参考光从记录介质两侧以相对方向入射，进而干涉完成图像记录。该技术利用了记录介质的体积效应，也称为反射式全息技术。根据布拉格条件：

$$\sin\frac{\theta_{\text{set}}}{2} = \pm\frac{\lambda_{\text{writing}}}{2\varLambda} \tag{1-4}$$

在李普曼全息图中，两束激光(即物光与参考光)的夹角θ_{set}约为 180°，因此光栅周期$\varLambda = \lambda_{\text{writing}}/2$。其中，$\lambda_{\text{writing}}$为写入光的波长。李普曼全息图对衍射光的波长具有高度选择性，在白光再现时产生单色像，$\Delta\lambda$小，因此有效抑制了色散导致的像模糊。

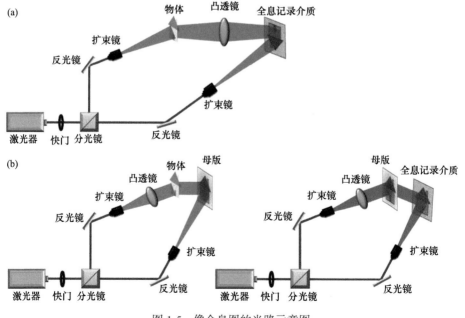

图 1-5　像全息图的光路示意图

1.2 全息技术应用

1.2.1 裸眼全息显示

与依赖于偏振眼镜的 3D 显示技术不同，全息显示（holographic display）是一种裸眼 3D 显示技术。它利用干涉原理将物体信息记录，再用光波照射全息图，通过波前再现显示 3D 物体图像。图 1-6 给出了全息显示的光路示意图[16]。其中，532 nm 激光作为写入光源，在样品中连续写入图像信息。594 nm（或 642 nm）激光为再现光，将 3D 图像显示。

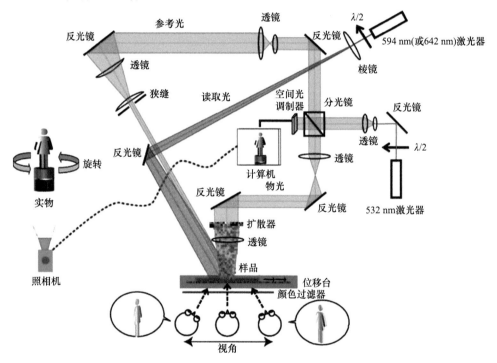

图 1-6　全息显示的光路示意图[16]

全息显示的关键在于全息图的投影，需借助空间光调制器完成。当前空间光调制器的分辨率较低，且可视角较窄，限制了全息显示的进一步发展。空间多路复用、时间多路复用技术常用于改善空间光调制器的分辨率，并加宽可视角。韩国科学技术院（KAIST）Park 等通过引入体散斑场（volume speckle fields），成功实现了可视角达 36°的高分辨率全息显示[17]。美国麻省理工学院 Smalley 等基于各向异性耦合器设计了一种空间光调制器，实现了全彩色、快速更新的全息显示[18]。美国亚利桑那大学 Peyghambarian 等采用新型光折变材料，将全息显示的更新速率提高至 2 s/幅图，为高性能全息显示开辟了新途径[19]。

1.2.2 高密度数据存储

自 1982 年进入市场以来，光学数据存储技术为人们的生活提供了极大的便利。光盘（CD）、数字通用光盘（DVD）和蓝光光盘（BD）作为典型的二维光学存储介质，通过非接触式激光扫描实现了数据存储与读取。然而，它们仍然难以满足人们对更大存储密度和更高存储/读取速率的需求[20]。全息数据存储具有极高的数据存储容量（> 1 TB/disc），远高于其他光学数据存储方式（图 1-7）。此外，全息数据存储可采用整"页"同时编码的方式进行，数据读取也以"页"为单位完成[20]，因此具有极高的理论数据存储/读取速率（～10 GB/s）。全息数据存储还具有这样的优势：存储介质的局部缺陷和损失不会影响数据的完整性，适用于极端工作条件下的数据存储[21]。

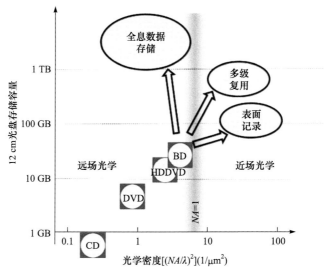

图 1-7　各类光学数据存储的存储容量比较[20]
*NA.*数值孔径（无量纲）；*λ.*记录光源的波长（单位为μm）

图 1-8 给出了全息数据存储的过程：将待存储的数据通过编码得到二维数据页，然后传送至空间光调制器，进而转换为像素阵列。物光被空间光调制器的像素阵列调制，再与参考光相干，从而在记录介质上通过形成干涉图案的方式实现数据存储。数据读取的过程为：再现光照射存储有数据的记录介质后发生衍射，产生的衍射图案被光电检测器转化为电信号，最后被解码输出，显示存储的原始数据[22]。

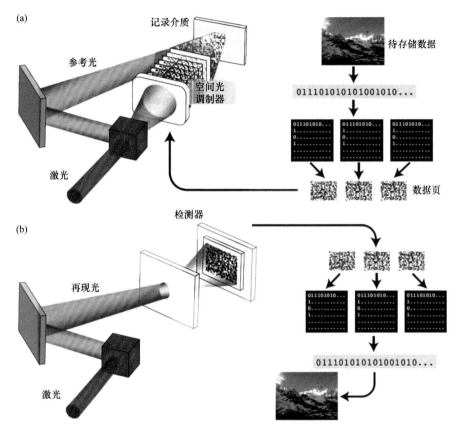

图 1-8　全息数据存储/读取示意图[22]

(a)数据存储；(b)数据读取

采用光学复用技术(角度复用、波长复用、相位复用等)可显著提高全息数据存储密度。例如，通过改变参考光的入射角度、波长和相位等参数可将不同信息存储在材料内部的同一位置。1994 年，美国加州理工学院 Campbell 等通过波长复用技术，成功将 102 幅全息图存储在 8 mm × 8 mm × 8 mm 的掺铁铌酸锂(LiNbO$_3$:Fe)晶体中[23]。2006 年，日本产业技术综合研究院开发了一种基于偶氮苯高分子的全息记录介质，其存储容量可达 200～300 GB，是传统高密度数字光碟存储容量的十倍。日本广播公司(NHK)科学技术研究实验室于 2017 年获得了近 2 TB/disc 的存储容量，数据传输速率可达 65 MB/s[24]。由于理论与方法日趋成熟，全息数据存储有望成为下一代光学数据存储的主流技术[22]。开发大容量、高稳定性且成本低廉的全息记录材料是实现全息数据存储大规模应用的关键。

1.2.3 全息防伪

全息技术在防伪领域的应用日益普遍。在防伪产品上附加全息图，不仅显著提升了防伪效果，也增强了防伪产品的艺术性，对防伪产品的提质、增值起到了重要作用。1988 年，澳大利亚首次推出了带有全息防伪标识的塑料钞（图 1-9）[25]，开启了全息防伪钞票时代。迄今为止，全息标识仍是钞票防伪的重要途径。加拿大 2011 年发行的塑料钞就应用了"透明全息窗"（图 1-10）[26]。最近，武汉华工图像技术开发有限公司推出了全息二维码的防伪技术（图 1-11），显著提升了防伪功能性、鉴别多样性及商品溯源性。但目前流行的全息防伪标识大多通过模压成型得到，裸眼 3D 效果不显著。美国杜邦、斑马等公司相继推出了具有显著立体效果的防伪标识，如杜邦公司的"IZON"全息防伪标识（图 1-12），显著提升了防伪标识的不可复制性和艺术性。

图 1-9　澳大利亚在 1988 年推出的首张塑料钞[25]

图 1-10　加拿大在 2011 年发行的"透明全息窗"塑料钞[26]

图 1-11　武汉华工图像技术开发有限公司推出的全息二维码防伪标签

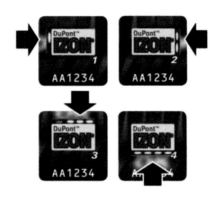

图 1-12　杜邦公司"IZON"全息防伪标识[27]

1.2.4　全息传感

　　全息图的布拉格衍射依赖于其微纳结构，因此可利用全息图微纳结构对环境的变化来实现传感功能。由于具有高的灵敏度和检测精度，全息传感近年来获得了快速发展。全息传感主要分为两类：反射式全息传感和透射式全息传感。反射式全息传感是利用反射光的波长变化来分析全息图的结构变化。例如，在水凝胶中制备反射式全息光栅，可用于检测无机盐含量。无机盐含量的改变导致水凝胶膨胀或收缩，致使全息光栅的周期增大或减小，从而使反射光发生红移或蓝移[图 1-13（a）][28]。哈佛大学 Yetisen 等在隐形眼镜上进行激光全息刻蚀，构建了对无机盐响应的全息传感器，并通过检测眼泪中无机盐的含量分析了眼疾的严重程度[29]。除此之外，反射式全息图也可用于检测水中的乙醇含量[图 1-13（b）][30]。随着乙醇含量的增加，全息图的反射光颜色由绿色变为红色。透射式全息传感可利用固定角度下的衍射效率变化来实现传感。宾夕法尼亚州立大学 Huang 等制备了具有多孔结构的透射式全息光栅，并用作湿度传感器[31]。当湿度从40%增加至95%

时，全息光栅在 475 nm 处的透射率由 6%增加至 47%，在 702 nm 处的透射率则由 4%增加至 64%。此外，将分子印迹技术与全息技术结合，也可实现对特定化合物的定量检测[32]。

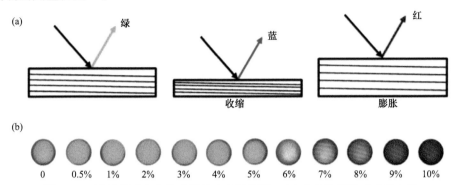

图 1-13　(a)反射式全息传感器的响应机理[28]；(b)全息传感器对乙醇含量（乙醇在水溶液中的体积分数）的响应[30]

　　此外，全息传感器还可用于测量机械位移和应力，其测量精度与光栅周期相当，在工程领域具有广阔的应用前景。测量的基本原理是：将原始物光与物体发生形变后的物光叠加以产生干涉条纹，对干涉条纹进行分析即可获得物体的形变信息。法国国家科学研究中心 Hÿtch 等于 2008 年发明了全息云纹技术（holographic moiré technique），将传统云纹技术与离轴电子全息相结合，实现了纳米级分辨率的测量[33]。测量原理如图 1-14 所示。首先按照相同取向放置两个晶体样品，其中 A 为具有已知晶体结构的参考样品，B 为发生应变的样品。当采用两束相干电子束分别辐照两个样品时，电子束经过样品后发生衍射，再利用静电双棱镜（electrostatic biprism）将两束电子束汇聚，通过电子束相干产生干涉条纹。对干涉条纹进行相位分析，可得出两个样品的相位差，进而推导出样品 B 的应变值[33]。

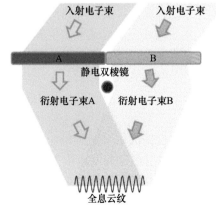

图 1-14　全息云纹技术测量应变的原理示意图[33]

1.2.5　全息光刻

全息光刻是制备周期性微纳结构的重要手段。多光束相干可形成光强在空间上呈周期性分布的干涉图案。利用多光束的干涉图案对光刻胶进行曝光，再对光刻胶进行显影处理，可获得对应的周期性结构(如光子晶体[34]、微透镜阵列[35])。双光束相干可制备周期性条纹结构，三光束相干可制备具有对称结构的六边形阵列，而四光束相干可形成具有对称结构的矩形阵列。美国伊利诺伊大学香槟分校 Braun 等将全息光刻技术与平面光刻技术结合，制备了具有特殊微纳结构的三维多孔电极[36]。具体制备过程如图 1-15 所示：①在氧化铟锡(ITO)玻璃基底上涂覆负性光刻胶 SU8，并采用四束相干光曝光写入图案信息，经显影后得到有序的多孔结构；②将正性光刻胶 AZ9260 灌入多孔结构；③进行平面光刻，构建电极结构；④在多孔结构表面电镀金属镍；⑤去除所有光刻胶，并刻蚀去除裸露的 ITO；⑥向多孔金属镍表面交替沉积镍-锡合金和二氧化锰，获得多孔电极。采用这种三维多孔电极可大幅提升电池的功率密度和能量密度。

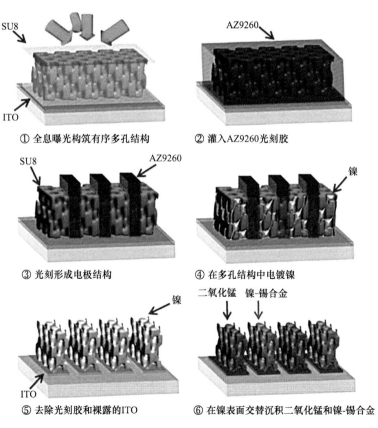

① 全息曝光构筑有序多孔结构　② 灌入AZ9260光刻胶

③ 光刻形成电极结构　④ 在多孔结构中电镀镍

⑤ 去除光刻胶和裸露的ITO　⑥ 在镍表面交替沉积二氧化锰和镍-锡合金

图 1-15　利用全息光刻制备多孔电极的原理示意图[36]

1.2.6　全息光学元件

全息光学元件（holographic optical elements）是利用光学全息或计算全息制作的光学元件，典型的全息光学元件包括全息光栅、全息透镜等。光栅是全息图的基本结构，全息光栅也是最简单的全息光学元件。全息透镜通过两束相干球面波干涉或相干球面波与平面波干涉制得，由于全息记录材料在记录前后存在收缩形变的问题，全息透镜的像差比普通透镜大，且难以克服色差问题，导致其应用范围受限，仅适用于单色光系统。与传统光学元件相比，全息光学元件最主要的优点是质量轻、体积小、制作便捷，容易实现小型化和功能集成，在虚拟现实（virtual reality，VR）、增强现实（augmented reality，AR）、混合现实（mixed reality，MR）等近眼显示系统以及抬头显示（head up display）领域应用广泛。例如，日本三洋股份有限公司 Ando 等设计了一种新型 MR 成像设备[37]。该设备采用一片全息光学元件薄膜，替代了传统头戴式 MR 设备中必需的反光镜和半透半反镜[各 2 片，图 1-16（a）]，不仅大幅简化了设备的结构，还拓宽了现实视角[view of real world，图 1-16（b）]。

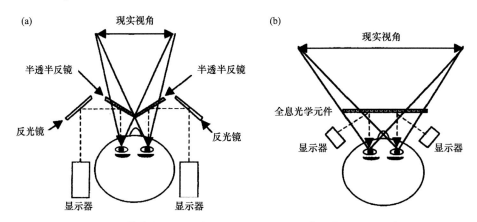

图 1-16　（a）传统的 MR 设备；（b）含全息光学元件的新型 MR 设备[37]

1.2.7　增材制造

增材制造区别于减材制造，是一种"自下而上""从无到有"的制造方法。3D打印是一种常见的增材制造技术，包括熔融沉积成型、激光选区熔融成型、立体光刻成型等。3D打印技术的基本原理是逐层堆积。与之不同，全息打印是一次成型，避免了重复扫描、逐层堆积产生的层间缺陷，大大缩短了制造时间，并增强了打印构件的强度。如图 1-17 所示，全息打印系统可利用三个激光束干涉形成光强场，从而精确构筑所设计的复杂结构。全息打印技术的打印速率较高，可达 10^5 mm³/h[38]。

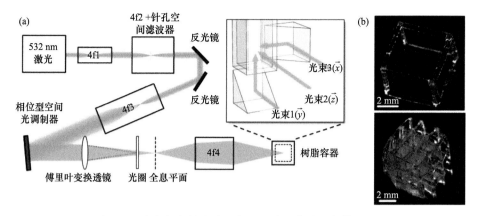

图 1-17　全息打印的光路示意图(a)与所打印的物体(b)[38]
图中 4fN(N=1~4)为透镜组

1.2.8　全息微操控

对微纳粒子实施精准的捕获、移动、排列等操控是当前的科学前沿和研究热点。这种操控可通过声场、电场、磁场、光场来实现。光镊(optical tweezers)是一种典型的光场操控技术,由美国贝尔实验室 Ashkin 于 1986 年发明[39]。因具有无接触、低损伤等特点,光镊技术被认为是生命科学、胶体物理、材料化学等研究领域的关键技术之一。Ashkin 因发明光镊技术而获得了 2018 年诺贝尔物理学奖[40]。

传统光镊技术一次仅能捕获或操控一个微粒。若同时操控多个微粒,则需利用扫描振镜(galvo scanner)或多光束耦合产生多个光阱(light trap),但光学系统复杂,且能形成的光阱数量有限。全息光镊可构建排列有序的光镊阵列,进而实现对多个粒子进行同时捕获、操控以及单粒子旋转。美国芝加哥大学 Grier 于 1998 年首次报道了全息光镊,他们利用全息光学元件将激光分成多个独立光束,然后汇聚,构建了 4×4 的光镊阵列,实现了对 16 个粒子的同时操控(图 1-18)[41]。

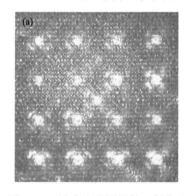
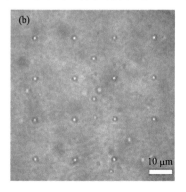

图 1-18　(a)全息光镊操控二氧化硅粒子的实时照片;(b)全息光镊移除后
二氧化硅粒子依然呈有序排布[41]

声场操控具有穿透性强的优势，近年来已成为重要的研究方向。声波的扩散取决于材料的模量。由于微粒与周围环境的模量差异较大，粒子与周围环境的界面处易发生声波散射，从而改变部分声波的传播方向。这种声波散射会产生声辐射力，使悬浮在流体中的微粒发生迁移。声波操控利用换能器将电能转换成声能，进而产生声波以操控微粒。欲精确操控多个微粒需使用 3D 声场，但构建 3D 声场需将大量换能器组装在一起形成阵列，不仅系统复杂，而且过程烦琐，限制了声场操控系统的发展。德国斯图加特大学 Fischer 等利用声全息图来调控声场，仅用单个换能器就制造出了所需的 3D 声场[42]，其原理如图 1-19 所示：①选取目标图案（飞翔的鸟）；②通过计算将选中的目标图案转换成声全息图；③利用 3D 打印获得声全息图构件；④换能器产生声波穿过声全息图构件；⑤利用声压传感器检测再现的声压分布图案。利用这种声压分布图案可操控及组装粒子[43]。声全息技术无需将换能器组装成阵列，大幅减少了组建系统所需的时间和设备，提高了粒子操控的复杂程度和精细度。基于全息原理的声场操控突破了原有声学系统的限制，为任意复杂形状的精细声场操控提供了解决方案，有望应用于无损检测、快速制造等领域。

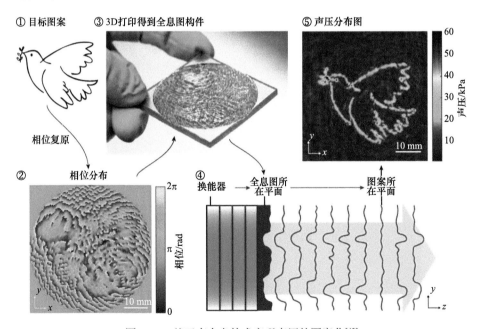

图 1-19　基于声全息技术实现声压的图案化[42]

1.2.9　超快成像

超快成像对研究超快过程及其动力学具有重要的意义。美国加州理工学院

Zewail 于 1999 年提出了飞秒化学的概念，为实现超快成像开辟了新途径。在超快成像领域，最初的泵浦探测(pump-probe)仅能记录稳定且可重复的超快过程，采用的是单次曝光成像的办法。然而，单次曝光成像大多是间接成像，需采用复杂的相位检索算法以重建原始结构。此外，这种间接成像的方式也导致相位信息缺失，难以得到唯一解。2018 年，德国柏林工业大学 Gorkhover 等提出了飞行全息技术(in-flight holography)，并用于生物样品检测，实现了纳米级别的超快成像[44]。飞行全息技术的原理如图 1-20 所示，采用 X 射线飞秒脉冲照射两个自由纳米粒子时，若粒子的尺寸、空间位置存在差异，则所得到的衍射图案具有明显差异。图 1-21 为实验装置示意图，以自由电子激光(free-electron laser)为光源，发射飞秒 X 射线脉冲激光。然后，利用两个垂直于激光方向的喷头分别向激光聚焦点发射样品粒

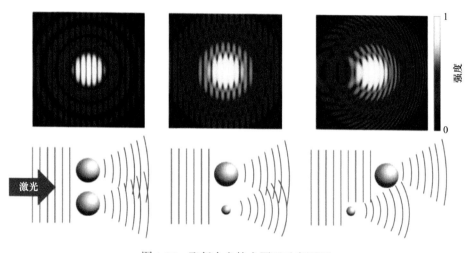

图 1-20　飞行全息技术原理示意图[44]

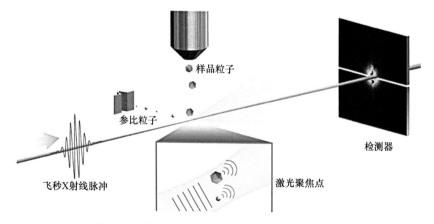

图 1-21　基于飞行全息技术的超快成像示意图[44]

子和参比粒子。当 X 射线脉冲激光照射两种粒子后，粒子的散射光产生干涉图案并被检测器记录。以较小的粒子作为参考粒子，可分析样品粒子的结构信息。

1.3 全息记录材料

全息记录材料记录全息图像的基本原理是：采用相干激光照射全息记录材料时，在相干亮区的光响应组分吸收光子能量，引发全息记录材料发生一系列物理变化或光化学反应，导致相干亮区与相干暗区之间产生折射率差异，从而将相干光的全部信息记录。下面介绍几种典型的全息记录材料。

1.3.1 卤化银乳胶

Gabor 制备的第一张全息图就是基于卤化银乳胶得到的。卤化银乳胶是将纳米或微米尺度的卤化银微晶和一定量的敏化剂分散于明胶中制得的，其中敏化剂的作用在于拓宽光谱响应范围。

采用卤化银乳胶记录全息图的过程如下：①全息曝光。相干亮区的卤化银微晶吸收光子后发生分解，产生少量金属银。②显影。用显影液将卤化银还原为金属银，此时全息曝光中产生的银微粒成为还原中心，诱导附近的卤化银大量还原为金属银，形成清晰的影像。③定影。采用定影剂溶解除去未反应的卤化银微晶，只保留金属银单质。④漂白。采用卤化汞、卤化铁等漂白剂将黑色银单质氧化为近乎透明的卤化银，以提高与明胶的折射率差异。卤化银乳胶的优势在于感光灵敏度高、分辨率高、光谱响应范围宽。不足之处在于显影、定影以及漂白等后处理过程烦琐，产生的大量废液也容易污染环境[1]。

1.3.2 重铬酸盐明胶

19 世纪 30 年代初，科学家们发现在重铬酸盐存在的情况下，紫外光或蓝光辐照可诱导明胶交联。后来人们将重铬酸盐明胶用作全息记录材料。为提高图像亮度，需要对重铬酸盐明胶全息图进行显影处理。与卤化银乳胶相比，重铬酸盐明胶全息图具有更高的折射率调制度和图像分辨率，但感光灵敏度较低、光谱响应范围较窄。重铬酸盐明胶的制备过程简单，将少量重铬酸盐溶液加入明胶溶液中即可得到。

1.3.3 光降解高分子材料

光降解高分子材料的全息记录原理是：相干亮区的高分子发生分解，导致相干亮区与相干暗区之间产生折射率差异。美国加州大学圣塔芭芭拉分校 Hawker 等以含有光酸、光敏剂的乙烯基苯基碳酸叔丁酯和二乙烯基苯的交联高分子为全息记录材料[45]。在相干激光照射下，相干亮区的光酸分解生成酸，而相干暗区则不产生酸。将全息记录材料加热至 110 ℃时，相干亮区的酸催化交联高分子降解，从而制得具有折射率调制度的全息图。类似地，奥地利莱奥本高分子技术中心 Schlögl 等利用邻硝基苄基酯在紫外光作用下对硫醇-烯烃交联高分子的光裂解反应实现了图案化[46]，证实了此类光降解高分子材料在全息记录中的应用潜力。但由于光降解反应通常较慢，因此在激光全息中的应用较少。

1.3.4　光导热塑性材料

　　光导热塑性材料利用其热塑性来实现全息记录。一般用于全息记录的光导热塑性材料主要由基体、透明导体、光电导体和热塑性高分子构成，结构如图 1-22(a) 所示。摩尔多瓦国立大学 Nastas 报道了一类光导热塑性材料：以聚对苯二甲酸乙二酯(PET)为基体、金属铬为透明导体、[0.5(As₂S₃)0.5(As₂Se₃)]为光电导体、聚甲基丙烯酸丁酯为热塑性高分子[47]。光电导体在黑暗环境下电阻极大，表面可沉积电荷；而在光照时导电能力显著增强，从而将沉积在表面的电荷迁移到光电导体与热塑性高分子界面。全息记录过程如图 1-22(b)所示：①将材料置于暗室中敏化，即对材料进行充电，使热塑性高分子与电极之间产生均匀的电位差；②利用相干光对材料进行曝光，在相干亮区，沉积在光电导体表面的电荷迁移至光电导体与热塑性高分子的界面；③对材料进行再充电，加大相干亮区的电荷密度，形成潜像；④通过加热使热塑性高分子软化，在电场作用下，软化后的高分子发生形变(电势差较高的区域变薄，电势差较低的区域变厚)，冷却后便形成全息图；⑤将形成的全息图置于一定温度下，表面电荷消失，热塑性材料恢复到平整状态，从而擦除全息图。光导热塑性材料具有可重复擦写、光谱响应范围宽的优点。不足之处在于高质量热塑高分子膜的制备较为困难，且分辨率和感光灵敏度较低。

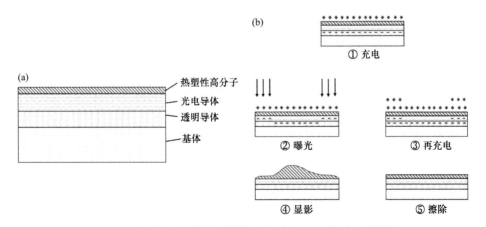

图 1-22　光导热塑性材料的结构(a)与全息记录/擦除示意图(b)

1.3.5 光折变材料

光折变效应是指材料在吸收光子后产生电荷分离，并通过形成空间电荷场使材料折射率发生改变的现象，最早由美国贝尔实验室 Ashkin 等于 1966 年在铌酸锂（LiNbO₃）晶体中发现[48]。光折变材料可分为有机光折变材料和无机光折变材料。常见的无机光折变材料有铌酸锂、铌酸钾、钛酸钡、砷化镓等。有机光折变材料既可以是有机小分子晶体，也可以是有机高分子材料。光折变材料的全息记录过程如图 1-23 所示：相干亮区的光折变材料吸收光子后产生可移动的电荷，这些电荷在外加电场作用下发生迁移，形成内部空间电荷场，并与外加电场叠加作用于光折变材料，从而形成光栅结构，实现全息记录。

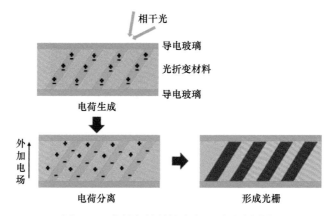

图 1-23　光折变材料的全息记录示意图[49]

光折变材料的优点是光谱响应范围宽（可从可见光区到红外光区）、折射率调制度高、可重复擦写，因此已成为全息显示的重要材料[19,49]。光折变材料的主要缺点是通常需要施加强度很高的电场来驱动电荷迁移（例如，施加 1 kV/cm 的电场仅能改变 2×10^{-5} 的折射率[50]），因此安全性较差。另外，光折变材料的感光灵敏度较低。

1.3.6 光聚合材料

光聚合材料利用光聚合反应实现全息记录。最早应用于全息记录的光聚合材料由美国休斯研究实验室 Close 等于 1969 年报道，其组成包括丙烯酸铅、丙烯酸钡、丙烯酰胺、亚甲基蓝、对甲苯磺酸钠和对硝基苯乙酸钠[51]。美国杜邦公司向光聚合材料中引入高分子黏结剂（polymer binder）、增塑剂和链转移剂，开发了一系列便于运输和使用的商品化全息记录材料[52-54]。该材料的制备过程为：先利用有机溶剂将各组分混合均匀，然后在支撑物表面浇铸成膜，最后挥发除去溶剂。这种光聚合材料在全息记录后，通常还需通过热处理来提高折射率调制度。

采用交联网络替代高分子黏结剂，不仅可以摒弃溶剂，还可提高全息记录材料的尺寸稳定性。交联网络可通过溶胶-凝胶法原位制备[55]，也可通过硫醇-丙烯酸酯[56]、多元醇-异氰酸酯[57]、环氧-有机胺[58]或硫醇-环氧[59]等反应得到。这些反应与全息记录的自由基聚合反应属于正交关系，无串扰。德国拜耳公司推出的 Bayfol@HX 系列全息记录材料正是基于这类正交化学反应，第一步利用羟基-异氰酸酯反应形成交联网络，第二步通过光引发的自由基聚合反应记录全息图[60]。

光聚合诱导相分离原理也被应用于全息记录。在相干光照射下，光引发剂吸收光子能量产生自由基，进而引发单体发生聚合反应生成高分子，相干暗区的单体向相干亮区扩散，同时，光惰性组分向相干暗区扩散，形成全息光栅(图 1-24)。高折射率的液晶[61,62]和纳米粒子[63,64]常被用作光惰性组分，以提高相干亮区与相干暗区之间的折射率差异。且液晶具有电光和温度响应性，适合制备响应性全息高分子材料。

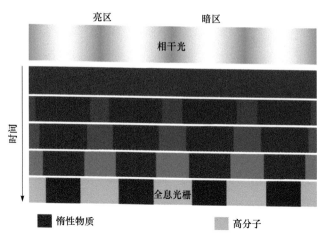

图 1-24　基于光聚合诱导相分离原理实现全息记录的示意图[65]

1.3.7　光致异构化材料

光致异构化材料是一类可擦写的全息记录材料。在相干激光照射下，光响应分子发生同分异构体的转变，从而产生折射率调制度。最常见的光致异构基团有偶氮苯[66]、二芳基乙烯[67]、螺吡喃[68]等。偶氮苯被紫外光照射时，分子构象由反式转变为顺式，在受热或可见光照射下可再次转变为反式。20 世纪 90 年代，日本东京工业大学 Ikeda 等合成了偶氮苯侧链液晶高分子，并应用于可擦写全息记录[66]。二芳基乙烯等分子在光照下发生开环或闭环反应，被称为电环化材料，其应用于全息记录的原理是开环与闭环状态下的二芳基乙烯分子具有不同的折射率[69]。光致异构化材料的优势在于可重复擦写，因此在动态全息显示领域具有重要应用[70]，但感光灵敏度通常较低，长期存储稳定性也较差。

1.3.8　超表面材料

超表面(metasurface)具有几十到几百纳米周期、准周期或随机的基元结构，其厚度远小于波长。它的每个基元结构对入射光都具有强烈的响应[图 1-25(a)][71]，因此具备在亚波长尺度内调控光场振幅和相位的能力。2012 年，美国杜克大学 Smith 和 Larouche 提出了梯度超表面全息成像方法[72]，将厚度为 75 nm、形状多样（圆盘形、长方形和工字形）的金基元有序排列在二氧化硅表面（1 μm × 1 μm × 500 nm）。表面物质的极化率、透过率及折射率都与金基元的尺寸相关，因此梯度结构中不同区域的折射率各不相同[图 1-25(b)]。该梯度超表面全息图在光照下可再现存储于其中的图案，实现全息成像[72]。超表面材料的优势在于所形成的全息图具有较大的可视角，并可实现无串扰的多波长复用，有望应用于全彩色 3D 图像存储与再现[73]，其缺点是超表面的构建较为困难、工艺复杂。

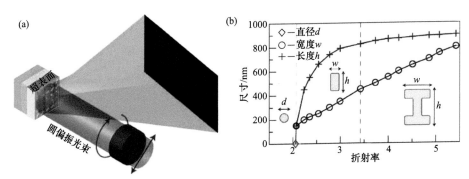

图 1-25　(a)超表面基元对光场的响应[71]；(b)折射率与金基元尺寸的关系[72]

1.4　全息记录材料的性能评价

从光学角度来讲，全息记录材料的主要性能参数包括衍射效率、光散射损失、折射率调制度、感光灵敏度以及动态存储范围。为评价全息记录材料的性能，通常先将全息材料制备成具有固定周期的非倾斜光栅。为此，在全息记录时，两束相干光的光强相同，且两束相干光的角平分线垂直于全息记录材料表面（图 1-26）。全息光栅的理论周期(Λ)通过式(1-5)计算：

$$\Lambda = \frac{1}{2}\lambda_{\text{writing}} / \sin\left(\frac{\theta_{\text{set}}}{2}\right) \tag{1-5}$$

式中：λ_{writing} 为写入光的波长；θ_{set} 为两束激光的夹角。

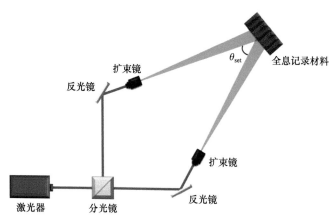

图 1-26　全息光栅制备的光路示意图

1.4.1 衍射效率与光散射损失

一束探测光照射全息光栅时，可同时产生透射光、反射光、衍射光和散射光 [图 1-27(a)]。当探测光的入射角满足布拉格条件时，全息光栅的衍射光强达到最大值。衍射效率(η)及光散射损失(φ)通过式(1-6)和式(1-7)计算：

$$\eta = \frac{I_{\text{d}}}{I_{\text{d}} + I_{\text{t}}} \tag{1-6}$$

$$\varphi = 1 - \frac{I_{\text{d}} + I_{\text{t}} + I_{\text{r}}}{I_{\text{reading}}} \tag{1-7}$$

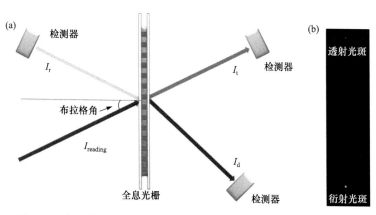

图 1-27　(a)衍射效率的表征示意图；(b)衍射光斑和透射光斑的照片

式中：$I_{reading}$、I_d、I_t 和 I_r 分别为探测光光强、衍射光光强、透射光光强和反射光光强[74]。需要注意的是，衍射效率有时也被定义为衍射光光强与探测光光强的比值。因此，在报道衍射效率时需要给出明确的定义，同时给出布拉格条件下的衍射光斑和透射光斑的照片[图 1-27（b）]，便于直观理解透射光和衍射光的光强差异。

1.4.2　角度选择性与折射率调制度

当改变探测光的入射角时，全息光栅的衍射效率先增加后降低，呈现出对称性变化，这种现象称为全息光栅的角度选择性。以图 1-28 为例，当入射角为 39°时，衍射效率达到最大，此时的入射角为光栅的布拉格角（θ_B）。角度选择性曲线越对称、第一主峰与第一肩峰之间的峰谷越低，表明布拉格失配越小、全息记录材料的性能越好。第一主峰的宽度越窄，则表明全息光栅的数据存储能力越高。

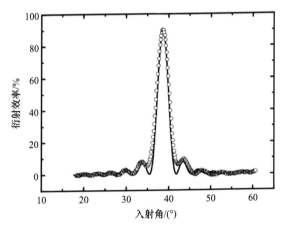

图 1-28　衍射效率与探测光入射角之间的关系[64]

根据 Kogelnik 耦合波理论[8]，全息光栅的衍射效率（η）可表述为

$$\eta = \frac{\sin^2 (u^2 + \xi^2)^{1/2}}{1 + \left(\dfrac{\xi}{u}\right)^2} \tag{1-8}$$

对于非倾斜光栅，u、ξ 按照如下公式计算：

$$u = \frac{\pi n_1 d}{\lambda_{reading} \cos \theta_{reading}} \tag{1-9}$$

$$\xi = \frac{\pi d (\theta_{reading} - \theta_B) \cos \theta_B}{\Lambda \cos \theta_{reading}} \tag{1-10}$$

式中：u 与 ξ 具有复杂的物理含义；d 为全息光栅厚度；$\theta_{reading}$ 为探测光的入射角；$\lambda_{reading}$ 为探测光的波长。

采用式(1-8)对全息光栅的角度选择性曲线进行拟合，可获得折射率调制度（n_1）。在全息光栅中，折射率沿光栅矢量方向呈正弦曲线分布，折射率调制度即为该正弦曲线的振幅。当探测光从光栅的布拉格角 θ_B 入射时，$\theta_{reading} = \theta_B$，$n_1$ 与 η 满足如下数学关系[8]：

$$\eta = \sin^2\left(\frac{n_1 \pi d}{\lambda_{reading} \cos\theta_B}\right) \tag{1-11}$$

将式(1-11)改写为

$$n_1 = \frac{\arcsin(\eta^{0.5})\lambda_{reading}\cos\theta_B}{\pi d} \tag{1-12}$$

便可计算全息光栅的 n_1。该值与角度选择性实验得到的数值应当相同。值得注意的是，式(1-11)和式(1-12)仅适用于厚全息光栅(即体全息光栅)。光栅是否属于体全息光栅，可采用式(1-13)来判断：

$$Q = 2\pi\frac{\lambda_{reading}d}{n_{av}\Lambda^2} \tag{1-13}$$

式中：Q 为 Klein-Cook 参数；n_{av} 为全息记录材料的平均折射率。当 Q 值远大于 1 时，该光栅属于体全息光栅[62]。

1.4.3　感光灵敏度

全息记录材料的感光灵敏度(S)定义为衍射效率达到最大时所需的最小曝光能量，计算公式为[75]

$$S = \frac{\sqrt{\eta}}{dI_{writing}t} \tag{1-14}$$

式中：$I_{writing}$ 为写入光光强；t 为曝光时间。因此，感光灵敏度越高，则全息记录材料达到最高衍射效率时所需的曝光时间越短，有利于降低加工成本和避免环境噪声的干扰。

1.4.4　动态存储范围

动态存储范围($M\#$)决定了同一体积内所能存储的全息光栅总数,反映了全息记录材料的数据存储能力，其计算公式为[20]

$$M\# = \sum_{i=1}^{Y} \sqrt{\eta_i} \sim \frac{d}{\lambda_{\text{writing}}} \sum_{i=1}^{Y} \sqrt{n_{1i}} \equiv \frac{dn_1}{\lambda_{\text{writing}}} \tag{1-15}$$

式中：η_i 为每一个光栅的衍射效率；n_{1i} 为每个光栅的折射率调制度；λ_{writing} 为写入光的波长。从式(1-15)可以看出：全息记录材料的 $M\#$ 与其厚度、折射率调制度成正比，与写入光的波长成反比。

参 考 文 献

[1]   周海宪, 程云芳. 全息光学: 设计、制造和应用. 北京: 化学工业出版社, 2006.

[2]   Gabor D. A new microscopic principle. Nature, 1948, 161(4098): 777-778.

[3]   Dennis Gabor Facts. https://www.nobelprize.org/prizes/physics/1971/gabor/facts/[2020-04-29].

[4]   Gabor D. Holography, 1948-1971. Science, 1972, 177(4046): 299-313.

[5]   Leith E N, Upatnieks J. Reconstructed wavefronts and communication theory. J Opt Soc Am, 1962, 52(10): 1123-1130.

[6]   Denisyuk Y N. On the reflection of optical properties of an object in a wave field of light scattered by it. Dokl Akad Nauk SSSR, 1962, 144(6): 1275-1278.

[7]   Benton S A. Hologram reconstruction with extended incoherent sources. J Opt Soc Am, 1969, 59(11): 1545-1546.

[8]   Kogelnik H. Coupled wave theory for thick hologram gratings. Bell Syst Tech J, 1969, 48(9): 2909-2947.

[9]   Sakurai T, Karibe M, Yatagai T. A computer holographic method for the optical reconstruction of a molecular image from X-ray diffraction data. J Appl Crystallogr, 1974, 7(3): 399-400.

[10]   Chen H, Yu F T S. One-step rainbow hologram. Opt Lett, 1978, 2(4): 85-87.

[11]   Zhuang S L, Ruterbusch P H, Zhang Y W, Yu F T S. Resolution and color blur of the one-step rainbow hologram. Appl Opt, 1981, 20(5): 872-878.

[12]   Chen H. Color blur of the rainbow hologram. Appl Opt, 1978, 17(20): 3290-3293.

[13]   Mihaylova E. Holography: Basic Principles and Contemporary Applications.Rijeka: InTech, 2013.

[14]   梁峰, 张俊义. 几种白光重现的全息图. 光子学报, 1984, 13(2): 10-15.

[15]   张静芳, 刘立民, 叶中东, 林永昌, 王晓利. 光学防伪技术及其应用. 北京: 国防工业出版社, 2011.

[16]   Tsutsumi N. Recent advances in photorefractive and photoactive polymers for holographic applications. Polym Int, 2017, 66(2): 167-174.

[17]   Yu H, Lee K, Park J, Park Y. Ultrahigh-definition dynamic 3D holographic display by active control of volume speckle fields. Nat Photonics, 2017, 11(3): 186-192.

[18]   Smalley D E, Smithwick Q Y J, Bove V M, Barabas J, Jolly S. Anisotropic leaky-mode modulator for holographic video displays. Nature, 2013, 498(7454): 313-317.

[19]   Blanche P A, Bablumian A, Voorakaranam R, Christenson C, Lin W, Gu T, Flores D, Wang P, Hsieh W Y, Kathaperumal M, Rachwal B, Siddiqui O, Thomas J, Norwood R A, Yamamoto M, Peyghambarian N. Holographic three-dimensional telepresence using large-area photorefractive polymer. Nature, 2010, 468(7320): 80-83.

[20]   Bruder F K, Hagen R, Rölle T, Weiser M S, Fäcke T. From the surface to volume: Concepts for the next generation of optical-holographic data-storage materials. Angew Chem Int Ed, 2011, 50(20): 4552-4573.

[21]   Ogiwara A, Watanabe M, Ito Y. Tolerance of holographic polymer-dispersed liquid crystal memory for gamma-ray irradiation. Appl Opt, 2017, 56(16): 4854-4860.

[22] Dhar L, Curtis K, Fäcke T. Holographic data storage: Coming of age. Nat Photonics, 2008, 2（7）: 403-405.

[23] Campbell S, Yi X M, Yeh P. Hybrid sparse-wavelength angle-multiplexed optical data storage system. Opt Lett, 1994, 19（24）: 2161-2163.

[24] Katano Y, Muroi T, Kinoshita N, Ishii N. Prototype holographic data storage drive with wavefront compensation for playback of 8K video data. IEEE Trans Consum Electron, 2017, 63（3）: 243-250.

[25] Hardwick B, Jackson W, Wilson G, Mau A W H. Advanced materials for banknote applications. Adv Mater, 2001, 13（12-13）: 980-984.

[26] Bank of Canada unveils new plastic bills. https://www.ctvnews.ca/bank-of-canada-unveils-new-plastic-bills-1.659770[2020-04-29].

[27] DeLaRue. http://www.delarue.com[2016-04-30].

[28] Yetisen A K, Naydenova I, Da Cruz Vasconcellos F, Blyth J, Lowe C R. Holographic sensors: Three-dimensional analyte-sensitive nanostructures and their applications. Chem Rev, 2014, 114（20）: 10654-10696.

[29] AlQattan B, Yetisen A K, Butt H. Direct laser writing of nanophotonic structures on contact lenses. ACS Nano, 2018, 12（6）: 5130-5140.

[30] Yetisen A K, Qasim M M, Nosheen S, Wilkinson T D, Lowe C R. Pulsed laser writing of holographic nanosensors. J Mater Chem C, 2014, 2（18）: 3569-3576.

[31] Shi J J, Hsiao V K S, Huang T J. Nanoporous polymeric transmission gratings for high-speed humidity sensing. Nanotechnology, 2007, 18（46）: 465501.

[32] Fuchs Y, Soppera O, Mayes A G, Haupt K. Holographic molecularly imprinted polymers for label-free chemical sensing. Adv Mater, 2013, 25（4）: 566-570.

[33] Hÿtch M, Houdellier F, Hüe F, Snoeck E. Nanoscale holographic interferometry for strain measurements in electronic devices. Nature, 2008, 453（7198）: 1086-1089.

[34] Miyake M, Chen Y C, Braun P V, Wiltzius P. Fabrication of three-dimensional photonic crystals using multibeam interference lithography and electrodeposition. Adv Mater, 2009, 21（29）: 3012-3015.

[35] Ahmed R, Yetisen A K, Butt H. High numerical aperture hexagonal stacked ring-based bidirectional flexible polymer microlens array. ACS Nano, 2017, 11（3）: 3155-3165.

[36] Ning H L, Pikul J H, Zhang R Y, Li X J, Xu S, Wang J J, Rogers J A, King W P, Braun P V. Holographic patterning of high-performance on-chip 3D lithium-ion microbatteries. Proc Natl Acad Sci, 2015, 112（21）: 6573-6578.

[37] Ando T, Matsumoto T, Takahasihi H, Shimizu E. Head mounted display for mixed reality using holographic optical elements. Mem Fac Eng, Osaka City Univ, 1999, 40: 1-6.

[38] Shusteff M, Browar A E M, Kelly B E, Henriksson J, Weisgraber T H, Panas R M, Fang N X, Spadaccini C M. One-step volumetric additive manufacturing of complex polymer structures. Sci Adv, 2017, 3（12）: eaao5496.

[39] Ashkin A, Dziedzic J M, Bjorkholm J E, Chu S. Observation of a single-beam gradient force optical trap for dielectric particles. Opt Lett, 1986, 11（5）: 288-290.

[40] Arthur Ashkin Facts. https://www.nobelprize.org/prizes/phisics/2018/ashkin/facts/[2020-04-29].

[41] Dufresne E R, Grier D G. Optical tweezer arrays and optical substrates created with diffractive optics. Rev Sci Instrum, 1998, 69（5）: 1974-1977.

[42] Melde K, Mark A G, Qiu T, Fischer P. Holograms for acoustics. Nature, 2016, 537（7621）: 518-522.

[43] Melde K, Choi E, Wu Z G, Palagi S, Qiu T, Fischer P. Acoustic fabrication via the assembly and fusion of particles. Adv Mater, 2018, 30（3）: 1704507.

[44] Gorkhover T, Ulmer A, Ferguson K, Bucher M, Maia F R N C, Bielecki J, Ekeberg T, Hantke M F, Daurer B J, Nettelblad C, Andreasson J, Barty A, Bruza P, Carron S, Hasse D, Krzywinski J, Larsson D S D, Morgan A, Mühlig K, Müller M, Okamoto K, Pietrini A, Rupp D, Sauppe M, Van Der Schot G, Seibert M, Sellberg J A, Svenda M, Swiggers M, Timneanu N, Westphal D, Williams G, Zani A, Chapman H N, Faigel G, Möller T, Hajdu J, Bostedt C. Femtosecond X-ray Fourier holography imaging of free-flying nanoparticles. Nat Photonics, 2018, 12（3）: 150-153.

[45] Khan A, Campos L M, Mikhailovsky A, Toprak M, Strandwitz N C, Stucky G D, Hawker C J. Holographic recording in cross-linked polymeric matrices through photoacid generation. Chem Mater, 2008, 20（11）: 3669-3674.

[46] Radl S V, Schipfer C, Kaiser S, Moser A, Kaynak B, Kern W, Schlögl S. Photo-responsive thiol-ene networks for the design of switchable polymer patterns. Polym Chem, 2017, 8（9）: 1562-1572.

[47] Nastas A M. Diffraction efficiency and light-scattering power of photothermoplastic holographic gratings. Opt Spectrosc, 2003, 95（6）: 952-955.

[48] Ashkin A, Boyd C D, Dziedzic J M, Smith R G, Ballman A A, Levinstein J J, Nassau K. Optically-induced refractive index inhomogeneities in LiNbO₃ and LiTaO₃. Appl Phys Lett, 1966, 9（1）: 72-74.

[49] Thomas J, Christenson C W, Blanche P-A, Yamamoto M, Norwood R A, Peyghambarian N. Photoconducting polymers for photorefractive 3D display applications. Chem Mater, 2011, 23（3）: 416-429.

[50] Collier R J, Burckhardt C B, Lin L H. Optical Holography. New York: Academic Press, 1971.

[51] Close D H, Jacobson A D, Margerum J D, Brault R G, McClung F J. Hologram recording on photopolymer materials. Appl Phys Lett, 1969, 14（5）: 159-160.

[52] Haugh E F. Hologram recording in photopolymerizable layers. United States, US 3658526.1972.

[53] Smothers W K, Monroe B M, Weber A M, Keys D E. Photopolymers for holography. Proc SPIE, 1990, 1212: 20-29.

[54] Gambogi Jr W J, Weber A M, Trout T J. Advances and applications of DuPont holographic photopolymers. Proc SPIE, 1994, 2043: 2-13.

[55] Cheben P, Calvo M L. A photopolymerizable glass with diffraction efficiency near 100% for holographic storage. Appl Phys Lett, 2001, 78（11）: 1490-1492.

[56] Peng H Y, Nair D P, Kowalski B A, Xi W X, Gong T, Wang C, Cole M, Cramer N B, Xie X L, McLeod R R, Bowman C N. High performance graded rainbow holograms via two-stage sequential orthogonal thiol-click chemistry. Macromolecules, 2014, 47（7）: 2306-2315.

[57] Khan A, Daugaard A E, Bayles A, Koga S, Miki Y, Sato K, Enda J, Hvilsted S, Stucky G D, Hawker C J. Dendronized macromonomers for three-dimensional data storage. Chem Commun, 2009, 45（4）: 425-427.

[58] Trentler T J, Boyd J E, Colvin V L. Epoxy resin-photopolymer composites for volume holography. Chem Mater, 2000, 12（5）: 1431-1438.

[59] Choi K, Chon J W M, Gu M, Malic N, Evans R A. Low-distortion holographic data storage media using free-radical ring-opening polymerization. Adv Funct Mater, 2009, 19（22）: 3560-3566.

[60] Berneth H, Bruder F K, Fäcke T, Hagen R, Hönel D, Jurbergs D, Rölle T, Weiser M-S. Holographic recording aspects of high-resolution Bayfol HX photopolymer. Proc SPIE, 2011, 7957: 122-136.

[61]　Sutherland R L, Natarajan L V, Tondiglia V P, Bunning T J. Bragg gratings in an acrylate polymer consisting of periodic polymer-dispersed liquid-crystal planes. Chem Mater, 1993, 5（10）: 1533-1538.

[62]　Bunning T J, Natarajan L V, Tondiglia V P, Sutherland R L. Holographic polymer-dispersed liquid crystals （H-PDLCs）. Annu Rev Mater Sci, 2000, 30（1）: 83-115.

[63]　Vaia R A, Dennis C L, Natarajan L V, Tondiglia V P, Tomlin D W, Bunning T J. One-step, micrometer-scale organization of nano- and mesoparticles using holographic photopolymerization: A generic technique. Adv Mater, 2001, 13（20）: 1570-1574.

[64]　Sánchez C, Escuti M J, Van Heesch C, Bastiaansen C W M, Broer D J, Loos J, Nussbaumer R. TiO$_2$ nanoparticle-photopolymer composites for volume holographic recording. Adv Funct Mater, 2005, 15（10）: 1623-1629.

[65]　倪名立. 结构有序聚合物复合材料的激光全息加工、结构与性能. 武汉: 华中科技大学, 2017.

[66]　Hasegawa M, Yamamoto T, Kanazawa A, Shiono T, Ikeda T, Nagase Y, Akiyama E, Takamura Y. Real-time holographic grating by means of photoresponsive polymer liquid crystals with a flexible siloxane spacer in the side chain. J Mater Chem, 1999, 9（11）: 2765-2769.

[67]　Cao L C, Wang Z, Zong S, Zhang S M, Zhang F S, Jin G F. Volume holographic polymer of photochromic diarylethene for updatable three-dimensional display. J Polym Sci Part B: Polym Phys, 2016, 54（20）: 2050-2058.

[68]　Parthenopoulos D A, Rentzepis P M. Three-dimensional optical storage memory. Science, 1989, 245（4920）: 843-845.

[69]　齐国生, 肖家曦, 刘嵘, 蒋培军, 佘鹏, 徐端颐. 光致变色二芳基乙烯多波长光存储研究. 物理学报, 2004, 53（4）: 1076-1080.

[70]　Wu P F, Sun S Q, Baig S, Wang M R. Enhanced non-volatile and updatable holography using a polymer composite system. Opt Express, 2012, 20（6）: 6052-6057.

[71]　Zheng G X, Mühlenbernd H, Kenney M, Li G X, Zentgraf T, Zhang S. Metasurface holograms reaching 80% efficiency. Nat Nanotechnol, 2015, 10（4）: 308-312.

[72]　Larouche S, Tsai Y J, Tyler T, Jokerst N M, Smith D R. Infrared metamaterial phase holograms. Nat Mater, 2012, 11（5）: 450-454.

[73]　Sun S, Zhou Z X, Zhang C, Gao Y S, Duan Z H, Xiao S M, Song Q H. All-dielectric full-color printing with TiO$_2$ metasurfaces. ACS Nano, 2017, 11（5）: 4445-4452.

[74]　Sakhno O V, Goldenberg L M, Stumpe J, Smirnova T N. Surface modified ZrO$_2$ and TiO$_2$ nanoparticles embedded in organic photopolymers for highly effective and UV-stable volume holograms. Nanotechnology, 2007, 18（10）: 105704.

[75]　Castagna R, Vita F, Lucchetta D E, Criante L, Simoni F. Superior-performance polymeric composite materials for high-density optical data storage. Adv Mater, 2009, 21（5）: 589-592.

第2章

模压全息高分子材料

　　激光全息图携带有丰富的光学信息，在白光下可呈现独特的视觉效果，因此可用作防伪标识[1]。早期的激光全息图是通过照相的方式单张拍摄的，效率较低。激光全息图的大批量、低成本、连续化生产是其走向工业应用的关键。1979年，美国无线电公司(Radio Corporation of America，RCA)为解决全息图的批量化生产问题，发明了模压工艺，实现了全息图的快速复制。随后，在美国诞生了世界上第一条模压全息图生产线。从此，模压全息图开始风靡全球。1981年，日本举办了首届模压全息图展览会，推动了模压全息技术的工业化进程。1983年，国际著名信用卡组织 VISA 在发行的信用卡上首次使用了鸽子图案的模压全息图，开启了全息防伪时代。不久，另一家信用卡组织 MasterCard 发行的信用卡也使用了模压全息图。直至今日，全球各大银行仍在使用"鸽子"图案的全息图作为防伪标识(图 2-1)。1984年，美国《国家地理》杂志首次使用全息图作为封面，采用的飞鹰图案十分逼真(图 2-2)，产生了震撼的视觉效果，当期杂志发行量突破 1000 万册，创造了当时的最高纪录。1988年，澳大利亚发行了首张塑料钞，钞票防伪标识也采用了模压全息图[2,3]。同年 12 月，美国《国家地理》杂志采用凸版印刷技术，将整个杂志封面设计成一张完整的地球全息图，将全息应用推向了新的高潮。20世纪80年代末到90年代初，模压全息技术传入中国。1986年，第一届国际全息应用会议在北京召开，主办方为中国光学学会、中国力学学会，联合主办方有美国国际光学工程学会(The Society of Photo-Optical Instrumentation Engineers，SPIE)、美国光学学会(The Optical Society of America，OSA)、欧洲光子学联盟(European Photonics Alliance，EPA)，中国科学技术协会作为合作方参与办会。同年，中国第一家激光全息企业——青岛琦美图像有限公司在北京邮电大学的支持下成立，主营模压全息图。1989年，武汉华工图像技术开发有限公司成立，一年后成功开发窄幅模压全息标识的全封闭生产线。1992年，国际全息制造商协会(International Hologram Manufacturer Association，IHMA)成立，开启了全息标识的宽幅制造时代。1995年，武汉华工图像技术开发有限公司建成了国内第一条宽幅全息防伪标识生产线。20世纪末，随着防伪要求的不断提高，模压全息迎来了新的契机。美国斑马图像公司(Zebra Imaging)研制出图像的数字化采集及摄像技术，将激光全息技术与光电子技术、计算机技术结合，发展了数字激光全息制版技术，大大提高了模压全息的制版效率。2005 年，我国科技部批准依托于华中科技大学设立国家防伪工程技术研究中心，推动了我国防伪材料和全息综合防伪技术的研究和开发。

图 2-1　带有全息防伪标识的 VISA 信用卡

图片来源：中国银行官方网站

图 2-2　美国《国家地理》杂志 1984 年首次使用全息图作为封面

图片来源：美国《国家地理》，165 卷，第 3 期封面

　　模压全息图的大规模应用，离不开高分子材料的发展。高分子材料具有质轻、价廉、可塑性强的优点，尤其是高分子材料在温度升高至玻璃化温度(T_g)以上时发生塑性形变，可复制全息模版上的全息结构和信息，自然冷却至玻璃化温度以下时可稳定记录全息图的结构和信息。尽管构成模压全息图的材料是由多层、具

有不同功能的材料所组成的，但记录全息结构和信息的核心材料是高分子材料，因此将模压全息材料统称为模压全息高分子材料。下面将从模压全息高分子材料的制备原理、分类与结构、组成、制备工艺、烫印工艺、性能调控、应用与展望七个方面进行简要介绍。

2.1 模压全息高分子材料的制备原理　◀◀◀

模压全息高分子材料的制备原理如图 2-3 所示：①通过全息光刻技术制得全息母版，然后电镀制成全息金属模版(一般多为镍版)；②在聚对苯二甲酸乙二酯(PET)基膜上涂覆全息记录层材料，如聚甲基丙烯酸甲酯(PMMA)，承担着记录激光全息结构和信息的功能；③经过模压工艺，在加热加压的条件下，将全息金属模版表面的浮雕型光栅条纹结构转移到全息记录层，实现激光全息图的转移复制、记录；④经过真空蒸镀，在全息记录层表面镀上反射层，如金属铝，以提高全息图的亮度使其便于观察；⑤通过施胶，在反射层外侧涂覆一层胶黏剂，如不干胶或者热熔胶。通过分切、烫印，将模压全息高分子材料与卡券、商品、钞票等承印物表面黏结。

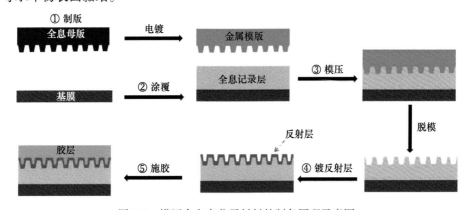

图 2-3　模压全息高分子材料的制备原理示意图

2.2 模压全息高分子材料的分类与结构　◀◀◀

根据应用方式的不同，模压全息高分子材料可分为不干胶型、防揭型和烫印型三种，它们具有不同的多层结构。

2.2.1　不干胶型模压全息高分子材料

不干胶型模压全息高分子材料的研究、开发、应用都是最早的，模压全息高分子材料与承印物之间通过不干胶进行黏结[4]，其结构如图 2-4 所示，由基膜、全息记录层、反射层和不干胶层组成。所使用的不干胶通常为压敏胶，在一定压力作用下，实现模压全息高分子材料与承印物之间的黏结。

基膜

全息记录层

反射层

不干胶层

图 2-4　不干胶型模压全息高分子材料的结构示意图

图 2-5 为基于不干胶型模压全息高分子材料的防伪标签。这种防伪标签使用简单、方便，可粘贴在多种商品表面。20 世纪 80 年代，不干胶型模压全息防伪标签是主要的防伪介质。然而由于不干胶与承印物之间的黏合力弱，这类防伪标签容易被完整地揭下来，被制假者转移至不合格商品的表面，导致"真标假货"的不法现象出现。

图 2-5　基于不干胶型模压全息高分子材料的防伪标签
图片来源：武汉华工图像技术开发有限公司

2.2.2　防揭型模压全息高分子材料

为解决不干胶型模压全息防伪标签的问题，防揭型模压全息高分子材料应运而生，即在基膜与全息记录层之间引入一层剥离层，如石蜡，从而降低基膜与全息记录层之间的黏合力(图 2-6)。当揭起粘贴在承印物表面的防揭型防伪标签时，基膜无法带动全部层结构与承印物分离，从而出现缺损、变形，无法二次使用，因此防揭型模压全息高分子材料也被称为"一次性"全息防伪材料[5]。

| 基膜 |
| 剥离层 |
| 全息记录层 |
| 反射层 |
| 不干胶层 |

图 2-6　防揭型模压全息高分子材料的结构示意图

2.2.3　烫印型模压全息高分子材料

防揭型模压全息高分子材料虽然在一定程度上遏制了防伪标签的重复使用，但在加热或有机溶剂作用下还是可以被完整地揭下来，被造假者再次利用。为此，人们研究、开发了烫印型模压全息高分子材料。

烫印是在一定温度和压力下，通过烫金机将高分子薄膜上已有的图像信息转移至承印物表面的一种工艺。烫印工艺精度高，可实现立体烫印。所烫印的图像表面光滑、边缘清晰、色彩鲜艳、光泽度高、与承印物之间黏合力强。烫印工艺对承印物泛用性好，因此已广泛应用于塑料、金属、纸张等多种材料表面[6]。如图 2-7 所示，烫印型模压全息高分子材料由基膜、剥离层、全息记录层、反射层与热熔胶层构成[7]。与防揭型模压全息高分子材料不同的是，烫印型模压全息高分子材料的底层由不干胶换成了热熔胶，增强了与承印材料之间的黏合力，使得承载全息图的全息记录层和反射层紧密地贴合在承印物表面，无论是加热还是使用溶剂浸泡都难以将防伪标签完整揭起。因此烫印型模压全息高分子材料被广泛应用于防伪标签。

| 基膜 |
| 剥离层 |
| 全息记录层 |
| 反射层 |
| 热熔胶层 |

图 2-7　烫印型模压全息高分子材料的结构示意图

2.3　烫印型模压全息高分子材料的组成　<<<

烫印型模压全息高分子材料是目前应用最为广泛的模压全息高分子材料，也是一种具有多层结构的复合材料。烫印型模压全息高分子材料中每层的组成不同，其发挥的功能也不同，下面逐一进行简要介绍。

2.3.1　基膜

在模压全息高分子材料中，基膜主要起支撑作用，可使用聚氯乙烯(PVC)、聚对苯二甲酸乙二酯(PET)、聚丙烯(PP)、乙烯-乙酸乙烯酯共聚物(EVA)、热塑性聚氨酯弹性体(TPU)、铝箔等[8,9]，它们的物理性质列于表 2-1 中。

表 2-1　不同基膜的物理性质

基膜	透光率	力学性能	表面张力/($\times 10^{-5}$ N/cm)	稳定性
PVC	较高	硬度、强度高	36～39	热、光稳定性差
PET	较高	强度、硬度高	41～44	光稳定性差
PP	较低	抗冲击强度高	29～30	热稳定性好
EVA	与组分相关	与组分相关	与组分相关	热稳定性较差
TPU	一般	韧性、强度高	较低	光稳定性差
铝箔	极低	延展性好	45	热、光稳定性好

PVC 基膜透光率高、绝缘性好、价格低廉，但在热、光作用下不稳定，加工时需添加稳定剂。此外，PVC 基膜中还添加有抗氧剂、润滑剂、抗静电剂、增塑剂等助剂，易迁移，部分还有毒，严重影响了基膜的美观度和安全性。PET 基膜透光率很高(可达 91%～93%)，光泽度好，力学强度比 PVC 基膜高 20%以上，无毒，但 PET 的耐光老化性能不佳。PP 基膜力学性能好、阻水阻气性佳、价格低廉，但 PP 基膜的表面张力较低(29×10^{-5}～30×10^{-5} N/cm)，需通过电晕等处理才能提高其表面张力($> 40\times 10^{-5}$ N/cm)，而且 PP 易结晶导致其透光性不佳。EVA 基膜表面结构致密、柔韧性好、无毒、抗氧化性强，但其熔点较低(84～95 ℃)，难以适应后续的模压及烫印工艺。TPU 基膜耐磨损、韧性好、抗静电，但成本较高、耐光老化性能不佳，因此也不常用。铝箔在包装行业中广泛使用，装饰性强、易于清洁、遮光性好、阻隔性好、化学稳定性高、力学性能优良，但透光性差。因此，通常选择综合性能较好的 PET 薄膜作为烫印型模压全息高分子材料的基膜。

2.3.2　剥离层

在烫印型模压全息高分子材料中，剥离层的主要作用在于使基膜与全息记录层更易分离。剥离层通常含有石蜡、巴西棕榈蜡、聚乙烯蜡、有机硅氧烷等离型剂。

一般地，在烫印过程中，基膜与全息记录层的剥离形式有两种[10]：①基膜-剥离层之间的黏结力比全息记录层-剥离层之间的黏结力弱，因此基膜与剥离层分离时，剥离层黏附在全息记录层表面，与反射层一起转移、黏结在承印物表面[图 2-8(a)]。在使用过程中，剥离层作为全息高分子材料的最外层起保护作用，因此这种烫印型模压全息高分子材料一般具有良好的耐溶剂性和耐磨性。②全息记录层-剥离层之间的黏结力比基膜-剥离层之间的黏结力弱，因此基膜和剥离层一起与全息记录层剥离[图 2-8(b)]。在使用过程中，全息记录层直接暴露在最外层，因此要求全息记录层具有良好的耐磨性和稳定性。

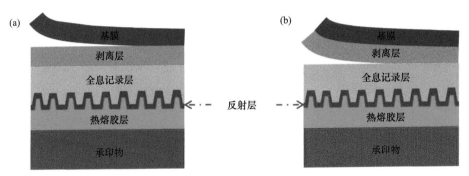

图 2-8　烫印型模压全息高分子材料的剥离方式
(a)剥离层黏附于全息记录层表面，基膜单独剥离；(b)基膜与剥离层同时剥离

2.3.3　全息记录层

全息记录层是模压全息高分子材料的功能核心，有关全息记录层的结构与性能调控，将在本章 2.6 节详细介绍。

2.3.4　反射层

模压全息图在镀反射层前亮度较低，蒸镀一层较薄的反射层可以增强入射光的反射强度，从而增强全息图的亮度[11]。由于入射光与再现光在全息图同一侧，因此这种全息图被称为不透明型全息图。为获得透明型全息图，可在全息记录层与热熔胶层之间蒸镀透明、高折射率的介质(如二氧化钛、二氧化锆、硫化锌)作为反射层，也可蒸镀网点状的不透明介质(如铝)作为反射层。在光照下，有反射层的网点产生光反射，没有反射层的位置则直接透光。透过透明或网点状的反射层可观察到底部承印物的文字及图像，因此可在承印物上附加防伪信息。透明型全息图已于 1996 年应用于身份证件的防伪。

2.3.5　热熔胶层

烫印型模压全息高分子材料通过底部热熔胶(又称热敏胶)与承印物黏结。在高温和压力作用下，热熔胶熔融并浸润承印物表面，与承印物发生物理或化学作用，降温后迅速固化，从而将模压全息高分子材料与承印物牢固黏结在一起。一般地，热熔胶以热塑性树脂或弹性体为基体材料，以增黏剂、蜡类、抗氧化剂、稳定剂、无机填料等为助剂复配而成，常用的基体材料有 EVA、低分子量环氧树脂、聚丙烯(PP)、聚乙烯(PE)、聚氨酯(PU)、聚酰胺(PA)、丁腈橡胶(NBR)、丁苯橡胶(SBR)、苯乙烯-异戊二烯-苯乙烯嵌段共聚物(SIS)等。

2.4 烫印型模压全息高分子材料的制备工艺 <<<

烫印型模压全息高分子材料的制备分为五个步骤：制作金属模版、模压复制全息图、镀反射层、涂布热熔胶和分切。

2.4.1 制作金属模版

模压全息是将全息金属模版上的全息图转印至全息记录层的过程，首先需要获得表面有全息图的金属模版。传统的制作方式是：通过激光全息照相技术在以玻璃板为基底的感光板(光刻胶版)上制作全息图，然后经过电镀、拼版、再电铸等工艺后复制到全息金属模版上。

从微观结构来看，记录全息图的光刻胶版表面是呈浮雕型凹凸沟槽状的光栅结构，这些光栅结构需要完整、无误地转移到全息金属模版的表面。全息金属模版的制作包括如下两个步骤：①在光刻胶版表面沉积极细的金属颗粒；②沉积的金属颗粒在光刻胶版表面形成导电层，并作为电镀槽中的阴极，使金属离子在其表面沿着光栅形貌沉积，形成光栅状的金属层，从而获得全息金属模版。

2.4.2 模压复制全息图

模压工序是模压全息中的关键工序之一。自 20 世纪 70 年代末以来，科学家和工程师们对模压工序进行了不断改良和创新，极大地降低了全息图的制作成本，提高了生产效率。在烫印型模压全息高分子材料中，全息图的模压复制工艺为机械热压，其基本过程是：在一定压力与温度下，将金属模版上的全息图压印到全息记录层上，经冷却、脱模、定型后，全息图转印到全息记录层(图 2-9)。模压全息图的光栅结构精细，空间频率可达 1000～1500 线/mm，深度一般为 10^{-4} mm 量级[12]。因此全息金属模版的材质直接影响着模压效果，工业上常用镍材质的模版，可连续压印 100 万次以上。

根据压辊与薄膜的压印方向，模压全息按类型可分为三种工艺：平压平型模压、圆压平型模压和圆压圆型模压。

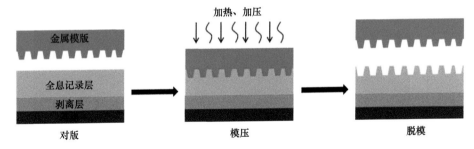

图 2-9　机械热压工艺示意图

平压平型模压属于一种间歇式模压工艺。平压平型模压机由给料辊、收卷辊、压印平板、金属模版、加热板、冷却装置等组件构成(图 2-10)。模压过程可分为供片、加压、保持、剥压、收片五个阶段，整个过程需几秒钟。这种模压工艺对金属母版的平整性有较高要求，若厚度不均匀或表面存在不规则的凹槽，则无法获得高质量的模压全息图。平压平型模压技术的生产效率较低，操作要求高。

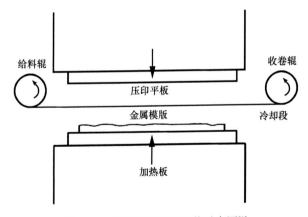

图 2-10　平压平型模压工艺示意图[1]

圆压平型模压机由给料辊、压印辊、加热平台、移动平板与金属模版等组件构成(图 2-11)，其中金属模版固定在移动平板和加热平台上。模压过程可分为供片、滚压、移动冷却、收片四个阶段，也属于间歇式模压工艺，生产效率也不高。

圆压圆型模压属于一种连续式模压工艺，生产效率高[13,14]。圆压圆型模压机的结构如图 2-12 所示。加压时，压印辊与金属模版辊之间的接触部分为一条直线，全息记录层受力小，金属模版施加的力也较小，因此使用寿命更长。另外，由于压辊施加的压力小，因此可以使用更长、直径更大的压辊来完成宽幅模压，适用于大面积生产。圆压圆型模压机的压印辊转动速度快，因此具有较高的模压效率。

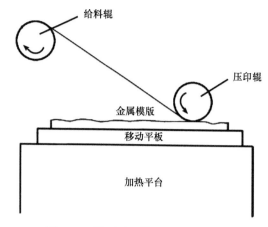

图 2-11　圆压平型模压工艺示意图[1]

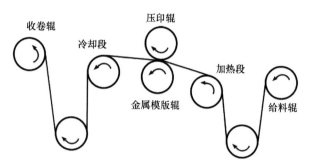

图 2-12　圆压圆型模压工艺示意图[7,13]

在模压过程中，模压温度、模压压力、模压速度、冷却速度等工艺参数直接影响最终产品的质量。模压温度应处于全息记录层高分子的玻璃化温度与黏流温度之间。此时高分子处于高弹态，金属模版上的全息图既能压印到全息记录层，又不至于因分子链的质心迁移而导致图像失真。模压压力应根据模压温度、全息记录层种类、金属模版表面镍层厚度等情况设定。压力过大，会导致全息记录层或金属模版变形，甚至被破坏；压力过小，转移至全息记录层的全息图不完整、不清晰。采用圆压圆型模压工艺时，压印辊与金属模版辊之间的初始压力一般应设定在 0.5 MPa 左右，模压过程中的压力提高至 1.5～2.0 MPa。模压速度直接影响到生产效率，可根据模版中全息图的复杂程度、模压机性能、基膜种类等情况设定。适当的模压速度可以保证全息记录层达到表面平整不皱折、稳定不滑动的效果。宽幅模压机的模压速度一般设定在 50～100 m/min[15]。在模压过程中，各个辊的旋转速度同步自动调节。全息信息压印到全息记录层后，通过冷却辊对全息记录层进行冷却处理，使全息记录层材料转变为玻璃态，将表面的全息图固定下来。最后，将薄膜收卷，进入下一步的镀反射层工序。

2.4.3   镀反射层

为使模压全息图在白光下亮度更高，在压印好的全息记录层表面还需再镀上一层反射层。反射层可以是不透明的金属材料，如金、银、铜、锌、铬、铝等，使用最多的是铝，也可以是高折射率的透明材料，如硫化锌、二氧化钛、二氧化锆等。

镀反射层工艺的原理是：在真空条件下，高温蒸发源使镀材气化或升华。然后，镀材蒸气或粒子在冷却时沉积在全息记录层表面形成镀层。

2.4.4   涂布热熔胶

热熔胶层厚度较薄（1～2 μm），一般使用网纹辊涂布（图 2-13）。网纹辊表面浸入热熔胶溶液中，将热熔胶溶液吸附在网纹辊表面的沟槽内。在网纹辊旋转传输热熔胶溶液的过程中，用刮刀除去表面多余的热熔胶溶液。同时，背压辊反向旋转传送薄膜。在网纹辊与背压辊的压力作用下，网纹辊表面沟槽内的热熔胶溶液转移到两辊之间的薄膜表面，形成均匀热熔胶溶液层。溶剂挥发后，得到热熔胶层。

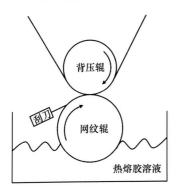

图 2-13   网纹辊涂布热熔胶工艺示意图[1]

2.4.5   分切

分切是通过分切机将模压全息高分子材料裁切至所需的尺寸，一方面切除边角料，另一方面便于后续的收卷储存、运输和应用。分切过程是否合格，判断的依据是分切后的全息高分子材料边缘无锯齿、表面完整、无褶皱。

2.5   烫印型模压全息高分子材料的烫印工艺 ◄◄◄

烫印是通过加热使底层的热熔胶熔融，将全息记录层中的全息图转移到承印物表面的过程，其工艺原理如图 2-14 所示。首先是对模，然后采用热冲压模具对模压全息高分子材料进行烫印，被模具加热烫印部位的热熔胶熔融并与承印物黏结。而在未被模具加热的部位，热熔胶与承印物之间不发生黏结。最后将被烫印的全息记录层与基膜剥离，从而将其转移到承印物表面。

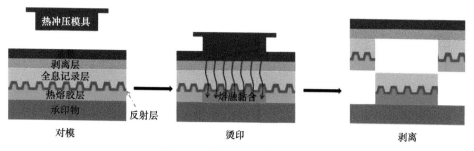

图 2-14　烫印工艺原理示意图

2.6　模压全息高分子材料的性能调控 <<<

全息记录层是模压全息高分子材料的核心。除了应具有合适的玻璃化温度（T_g）和表面能之外，全息记录层材料还应具有以下特性：①高透明度与高光泽度，以保证全息图再现时具有高的衍射效率和亮度；②良好的耐热性，避免全息图在烫印过程中失真；③优良的化学稳定性、耐磨性，以确保材料的使用寿命；④良好的模压成型性、防粘版性及分切性能[1]。根据各应用领域对全息高分子材料性能要求的侧重不同，需要对全息信息记录层进行性能调控。

2.6.1　全息记录层改性

一般地，聚氨酯树脂、丙烯酸树脂可作为全息记录层材料。聚氨酯具有优异的耐高低温、耐磨、耐酸碱、耐老化性能，广泛应用于汽车、电器、家具、建筑等领域，应用于全息记录层材料时需添加少量固化剂、增塑剂等助剂，并在模压之前进行预固化。由于聚氨酯预固化效果受外界环境影响较大，全息记录层的性能不稳定，因此聚氨酯在全息高分子材料的市场占有率不高。丙烯酸树脂具有优良的耐候性、保光性、透光性、耐水性、耐酸碱性以及强的附着力，分子链中的极性酯基使之能很好地润湿、铺展在高分子基膜上。综合而言，丙烯酸树脂的综合性能更能满足模压全息和烫印工艺，因此全息记录层材料大多采用热塑性丙烯酸树脂，并添加少量增塑剂、成膜剂、流平剂等助剂以优化全息记录层的加工。然而，丙烯酸树脂的 T_g 偏低，导致全息高分子材料的应用受到耐热性不够的限制，同时在模压过程中与金属模版难分离，造成粘版。此外，丙烯酸树脂较差的耐磨性也限制了其应用。因此有必要对丙烯酸树脂进行改性，最简便的方法是将丙烯酸树脂与聚氨酯、环氧树脂、有机硅、有机氟、无机纳米粒子等进行共混、复合，下面进行简要介绍。

1. 聚氨酯改性丙烯酸树脂

聚氨酯具有耐溶剂、耐磨、耐划伤、柔韧性和弹性好等优点，与丙烯酸树脂共混可综合两者的优点，从而弥补丙烯酸树脂的不足。由于丙烯酸树脂与聚氨酯相容性差，简单的物理共混改性制备的丙烯酸树脂/聚氨酯共混物的光学性能不佳、力学性能较差，因此聚氨酯改性丙烯酸树脂主要是基于反应性共混改性，常用的方法有：①采用溶液反应法，将聚氨酯链引入丙烯酸树脂分子链中，制备的聚氨酯改性丙烯酸树脂溶液直接涂布作为全息记录层；②采用乳液聚合法，合成以聚氨酯为核、丙烯酸树脂为壳的共聚乳液[16]，直接涂布制备全息记录层；③设计丙烯酸树脂/聚氨酯互穿聚合物网络(IPN)[17]，聚氨酯与丙烯酸树脂的分子链相互穿插、缠结，在相界面产生物理交联作用，提高丙烯酸树脂-聚氨酯之间的相容性，改善聚氨酯改性丙烯酸树脂的全息记录性能。

2. 环氧树脂改性丙烯酸树脂

环氧树脂的黏结性能优异、化学稳定性好、玻璃化温度高、力学性能优，被广泛用作为胶黏剂，但环氧树脂的缺点是脆性大。环氧树脂改性丙烯酸树脂弥补了丙烯酸树脂作为全息记录层的不足，有效地提升了模压全息高分子材料的性能。为了解决环氧树脂与丙烯酸树脂相容性差的问题，常用的环氧树脂改性丙烯酸树脂的方法有：①在环氧树脂乳液或溶液中引发丙烯酸类单体聚合反应，合成丙烯酸树脂接枝环氧树脂[18]；②采用丙烯酸与环氧树脂进行酯化反应，合成环氧树脂类丙烯酸酯单体[19]，然后与丙烯酸类单体共聚。

3. 有机硅树脂改性丙烯酸树脂

有机硅具有突出的耐高低温性、抗污性和耐磨性，广泛用于耐热防腐涂料、胶黏剂和密封材料，有机硅改性丙烯酸树脂也可以优化模压全息高分子材料的性能。常用的方法有：①将硅烷偶联剂[20]或有机硅乳液[21]与丙烯酸树脂直接混合；②将含双键的有机硅与丙烯酸类单体共聚[22]；③利用羟基有机硅树脂与羟基丙烯酸树脂发生缩合反应[23]；④利用含氢有机硅树脂与丙烯酸类单体在催化剂作用下发生共聚反应[24]。

4. 有机氟改性丙烯酸树脂

有机氟化合物具有极低的表面能和卓越的耐热性、优异的电学和光学性质以及化学稳定性，因此有机氟改性丙烯酸树脂可有效降低全息记录层材料的表面能，有利于全息记录层与全息金属模版之间的分离，模压时不易因粘版而破损，从而提高模压全息高分子材料的模压性能和烫印性能。常用的改性方法有：①采用乳液聚合方法，将含氟单体与丙烯酸酯单体共聚合成含氟丙烯酸树脂[25,26]；②采用氟碳表面活性剂或者化学接枝改性聚四氟乙烯(PTFE)微粉，与丙烯酸乳液共混后，直接涂布制备全息记录层[7,27]。

5. 无机纳米粒子改性丙烯酸树脂

无机纳米粒子与高分子材料的复合，可有效增强高分子材料的耐热性，甚至还能够对高分子材料同时增强增韧[28-30]。因此，丙烯酸树脂与二氧化硅、二氧化钛、氧化锌等无机纳米粒子复合，有望提高全息记录层的热变形温度(或软化点)和耐磨抗刮伤性能，从而拓展模压全息高分子材料的应用领域。由于无机纳米粒子表面能高，在丙烯酸树脂基体中易团聚，为了不影响全息记录层的透明性，如下方法可以促进无机纳米粒子在丙烯酸树脂基体中的均匀分散：①对无机纳米粒子进行表面包覆或接枝改性，强化无机纳米粒子与丙烯酸树脂之间的界面相互作用；②采用原位聚合法，首先将无机纳米粒子均匀分散在丙烯酸类单体中，然后引发聚合，制备均匀分散的丙烯酸树脂纳米复合材料；③采用溶胶-凝胶法，首先将无机纳米粒子的前驱体均匀分散在丙烯酸树脂中，然后在催化剂的作用下，前驱体发生从溶胶到凝胶的化学转变，原位生成的无机纳米粒子均匀分散在丙烯酸树脂中。

2.6.2　全息记录层的性能调控

1. 热性能调控

当温度高于全息记录层高分子材料的玻璃化温度(T_g)时，存储的全息图因高分子链段的自由运动而变形。因此，提高全息记录层高分子材料的 T_g，对模压全息高分子材料的加工和应用具有重要意义。

华中科技大学程芳、郑成赋等通过共聚反应合成了具有分子间氢键的甲基丙烯酸甲酯(MMA)-甲基丙烯酰胺(MAAM)共聚物，并将其应用于全息记录层[31,32]。图 2-15 是 MMA-MAAM 共聚物的玻璃化温度与共聚组成的关系图，可以看出 MMA-MAAM 共聚物的玻璃化温度明显高于聚甲基丙烯酸甲酯(PMMA)和聚甲基丙烯酰胺(PMAAM)均匀共混时的理论玻璃化温度(图中虚线所示)。当 MAAM 含量超过 50 wt%(wt%表示质量分数)后，共聚物的 T_g 甚至还高于纯 PMAAM，达到 198 ℃。当 MAAM 含量为 80 wt%时，共聚物的 T_g 达到最高值，高达 226 ℃，比 PMMA 的 T_g 高出 100 ℃。通过变温红外光谱与流变学研究发现，在 MMA-MAAM 共聚物中存在分子内氢键和分子间氢键，阻碍了其分子链段的运动，从而显著提高了其玻璃化温度。将 MMA-MAAM 共聚物与丙烯酸树脂共混时，由于二者相容性好且存在氢键相互作用，因此添加 20 wt%～30 wt%的 MMA-MAAM 共聚物使丙烯酸树脂的 T_g 从 110 ℃升高至 136 ℃，提升了 24%，有效地提高了模压全息记录层的耐热性能[31,32]。

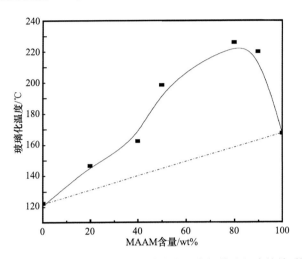

图 2-15　MMA-MAAM 共聚物的玻璃化温度与共聚组成的关系[31,32]

图中虚线为 MMA 和 MAAM 共聚物的理论玻璃化温度

　　纳米二氧化硅填充改性丙烯酸树脂也是改善模压全息高分子材料耐热性的有效方法。为了实现纳米二氧化硅在丙烯酸树脂基体中的均匀分散，郑成赋等采用溶胶-凝胶法，在丙烯酸树脂中加入正硅酸乙酯，通过酸催化原位制备了丙烯酸树脂/二氧化硅纳米复合材料。均匀分散在丙烯酸树脂基体中的纳米二氧化硅粒径约为 34 nm，即使在纳米二氧化硅填充量为 25 wt%时，丙烯酸树脂/二氧化硅纳米复合材料仍表现出与丙烯酸树脂相近的透光率，均在 85%以上[33]。当填充量为 20 wt%时，丙烯酸树脂/二氧化硅纳米复合材料的玻璃化温度为 128 ℃，比丙烯酸树脂的玻璃化温度 102 ℃提高了 26 ℃。用作全息记录层时，在保持高透明性、良好的模压性能和烫印性能的前提下，表现出比丙烯酸树脂更优的耐热性。

2. 力学性能的调控

　　丙烯酸树脂的力学性能如硬度、韧性，直接影响着模压全息高分子材料的耐磨抗刮伤性能。郑成赋等研究了溶胶-凝胶法制备丙烯酸树脂/二氧化硅纳米复合材料的力学性能[33]。从图 2-16 可以看出，丙烯酸树脂/二氧化硅纳米复合材料的硬度随纳米二氧化硅含量的增加而提高，随后略有下降。当纳米二氧化硅的填充量为 9 wt%时，复合材料具有最高的硬度。采用 ISO 6272-2: 2002 国际标准测量复合材料的抗冲击性能，发现填充 9 wt%的纳米二氧化硅还提高了丙烯酸树脂的抗冲击强度。由于纳米二氧化硅对丙烯酸树脂的增强增韧作用，二氧化硅填充量为 9 wt%

的丙烯酸树脂/二氧化硅纳米复合材料表面经过压载 200 g 钢块的电机往复摩擦 30 次后，划痕呈现塑性断裂行为，其光泽度仍保持在 96%，显著改善了模压全息高分子材料的耐磨抗刮伤性能。

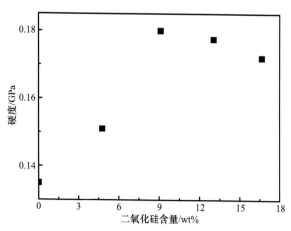

图 2-16　丙烯酸树脂/二氧化硅纳米复合材料的硬度与填充量的关系[33]

湖南工业大学杜晶晶等利用四元共聚反应，合成了甲基丙烯酸甲酯(MMA)-甲基丙烯酸丁酯(BMA)-丙烯酸丁酯(BA)-甲基丙烯酸(MAA)共聚物，制备的全息记录层综合了 PMMA 的硬度和耐磨性、PBMA 和 PMAA 的附着力、PBA 的柔韧性与成膜性[34]。

3. 表面性能的调控

全息记录层的表面性能直接影响着模压全息高分子材料的模压和烫印性能。由于丙烯酸树脂与全息金属模版之间相互作用较强，全息记录层在模压后难以脱模而粘版，因此需要调控全息记录层的表面性能。

以聚四氟乙烯(PTFE)为代表的含氟高分子材料具有优异的疏水疏油性质，广泛用作低表面能材料[35,36]。在高速剪切作用下，将 PTFE 微粉分散液均匀分散在丙烯酸树脂中，制备 PTFE 改性丙烯酸树脂[7]。当 PTFE 微粉含量为 1.0 wt%～1.5 wt%时，模压过程中不粘版，制备的全息图像表观质量良好，并且使烫印图像易于裁切、分离，可应用于高速全息防伪烫印，最大烫印速度高达 6000 次/h。

杜晶晶等[37]将合成的 MMA-BMA-BA-MAA 四元共聚物与 2 wt%的硅烷偶联剂改性的纳米二氧化硅复合，有效降低了丙烯酸树脂的表面能，其水接触角从 75.6°增至 85.9°，显著提高了全息记录层的疏水性，有利于全息模压脱模，避免了粘版。

2.7　模压全息高分子材料的应用与展望　◀◀◀

　　模压全息高分子材料主要是用于制造烫印型模压全息图，广泛应用于钞票防伪、书籍插图、名优产品防伪等领域。其中最引人注目的是澳大利亚于 1988 年发行了全球首张塑料钞票，采用的模压全息图防伪技术备受关注[2]。除了澳大利亚，新加坡、印度尼西亚、泰国、英国、新西兰、加拿大、中国等国家都发行了塑料钞票。

　　模压全息技术的发展，离不开模压工艺和设备的创新改进，也离不开模压全息高分子材料的性能提升。一方面，模压全息技术未来的发展方向是模压全息高分子材料-模压工艺-装备一体化创新，推动高性能、低成本、绿色防伪技术的发展；另一方面，将模压全息高分子材料的应用拓展到其他高新领域，例如，将模压全息高分子材料制成微透镜阵列，应用于太阳能电池的聚光元件[38,39]。

参 考 文 献

[1]　张静芳, 刘立民, 叶中东, 林永昌, 王晓利. 光学防伪技术及其应用. 北京: 国防工业出版社, 2011.

[2]　Prime E L, Solomon D H. Australia's plastic banknotes: Fighting counterfeit currency. Angew Chem Int Ed, 2010, 49 (22): 3726-3736.

[3]　Hardwick B, Jackson W, Wilson G, Mau A W H. Advanced materials for banknote applications. Adv Mater, 2001, 13 (12-13): 980-984.

[4]　徐胜林, 田霞. 防伪标签的功能设计与应用. 印刷技术, 2004, (3): 34-36.

[5]　杨福馨, 吴龙奇. 激光全息图像技术在防伪包装上的应用及展望. 印刷杂志, 2001, (2): 50-53.

[6]　McGrew S P. Surface relief holograms and holographic hot-stamping foils, and method of fabricating same: United States, US 4906315. 1990.

[7]　郑成赋. 防伪用模压全息记录材料的改性、结构与性能. 武汉: 华中科技大学, 2013.

[8]　Jiang M L, Lin S W, Jiang W K, Pan N Q. Hot embossing holographic images in BOPP shrink films through large-area roll-to-roll nanoimprint lithography. Appl Surf Sci, 2014, 311: 101-106.

[9]　杜晶晶. 纸基承印激光全息图文纳米 SiO$_2$ 改性丙烯酸涂料的研究. 株洲: 湖南工业大学, 2007.

[10]　林瀚. 热/紫外光双重固化热转移印刷涂层的制备与应用研究. 广州: 华南理工大学, 2013.

[11]　Schaefer M W, Levendusky T L, Sheu S, Larsen R B, Whittle N C. Methods for transferring holographic images into metal surfaces: United States, US 7094502 B2. 2006.

[12]　葛宏伟, 裴敏, 许蕾, 张肇群. 激光模压彩虹全息图的制作原理及工艺. 华中理工大学学报, 1997, 25 (9): 57-59.

[13]　Makansi M. Embossing rainbow and hologram images: United States, US 0227099 A1. 2003.

[14]　Miekka R G, Bushman T D, Taylor A W, Parker T, Benoit D R. Method for embossing a coated sheet with a diffraction or holographic pattern: United States, US 5164227. 1992.

[15] 陈永常. 激光全息标签模压加工. 印刷技术, 2004, (14): 46-48.

[16] 卫晓利, 张发兴. 核壳乳液聚合法制备聚丙烯酸酯-聚氨酯复合乳液. 聚氨酯工业, 2012, 27 (4): 43-46.

[17] 杜桂焕, 金名惠, 孟厦兰. 互穿网络聚氨酯/丙烯酸酯涂料的制备. 华中科技大学学报 (自然科学版), 2002, 30 (3): 114-116.

[18] 潘桂荣, 武利民, 张竹青, 李丹, 游波. 缩聚物/加聚物复合胶乳的制备 I. 环氧树脂/丙烯酸树脂乳液接枝聚合反应. 高分子材料科学与工程, 2002, 18 (3): 39-43.

[19] 刘亚红, 李亚卿, 付成名. 环氧丙烯酸树脂的合成研究. 河北化工, 2007, 30 (12): 29-30.

[20] 胡静, 马建中, 邓维钧. 有机硅烷偶联剂对聚丙烯酸酯/纳米 SiO_2 复合材料性能的影响. 功能材料, 2008, 39 (12): 2065-2067.

[21] 尹朝辉, 潘慧铭, 吴伟卿, 李建宗. 新型硅改性丙烯酸酯压敏胶的研究. 中国胶粘剂, 2003, 12 (6): 16-19.

[22] 李伟, 胡剑青, 涂伟萍. 有机硅改性水性聚氨酯-丙烯酸酯乳液的研究. 涂料工业, 2007, 37 (7): 36-38.

[23] 陈丽琼, 刘杰, 李玮, 张黎明. 有机硅改性丙烯酸酯乳液性能的研究. 中山大学学报 (自然科学版), 2003, 42 (2): 38-41.

[24] 黄世强, 彭慧, 李盛彪, 朱杰. 含氢聚甲基硅氧烷/丙烯酸丁酯/羟甲基丙烯酰胺复合乳液的研究——原料配比对乳液及胶膜性能的影响. 高分子学报, 1998, 29 (6): 692-697.

[25] Cheng X L, Chen Z X, Shi T S, Wang H Y. Synthesis and characterization of core-shell LIPN-fluorine-containing polyacrylate latex. Colloids Surf A, 2007, 292 (2-3): 119-124.

[26] Cui X J, Zhong S L, Wang H Y. Synthesis and characterization of emulsifier-free core-shell fluorine-containing polyacrylate latex. Colloids Surf A, 2007, 303 (3): 173-178.

[27] Wang H, Wen Y F, Peng H Y, Zheng C F, Li Y S, Wang S, Sun S F, Xie X L, Zhou X P. Grafting polytetrafluoroethylene micropowder via in situ electron beam irradiation-induced polymerization. Polymers, 2018, 10 (5): 503.

[28] Xie X L, Li R K Y, Liu Q X, Mai Y W. Structure-property relationships of in-situ PMMA modified nano-sized antimony trioxide filled poly (vinyl chloride) nanocomposites. Polymer, 2004, 45 (8): 2793-2802.

[29] Xie X L, Liu Q X, Li R K Y, Zhou X P, Zhang Q X, Yu Z Z, Mai Y W. Rheological and mechanical properties of PVC/$CaCO_3$ nanocomposites prepared by in situ polymerization. Polymer, 2004, 45 (19): 6665-6673.

[30] Dasari A, Yu Z Z, Yang M S, Zhang Q X, Xie X L, Mai Y W. Micro- and nano-scale deformation behavior of nylon 66-based binary and ternary nanocomposites. Compos Sci Technol, 2006, 66 (16): 3097-3114.

[31] 程芳. MMA/MAAM 共聚物的合成及其对激光全息防伪涂料的改性. 武汉: 华中科技大学, 2008.

[32] 郑成赋, 程芳, 张建军, 周兴平, 曾繁涤, 解孝林. 基于氢键复合的丙烯酸树脂共混物激光全息记录材料. 功能材料, 2010, 41 (3): 386-389.

[33] Zheng C F, Yang Z F, Lv C C, Zhou X P, Xie X L. Thermal stability and abrasion resistance of polyacrylate/nano-silica hybrid coatings. Iran Polym J, 2013, 22 (7): 465-471.

[34] 杜晶晶, 许利剑, 郭雪梨, 汤建新, 陈洪. 全息涂料用丙烯酸树脂的合成工艺研究. 包装工程, 2007, 28 (3): 1-3.

[35] Gong D W, Long J Y, Fan P X, Jiang D F, Zhang H J, Zhong M L. Thermal stability of micro-nano structures and superhydrophobicity of polytetrafluoroethylene films formed by hot embossing via a picosecond laser ablated template. Appl Surf Sci, 2015, 331: 437-443.

[36] Wang Z F, Wang Z G. Synthesis of cross-linkable fluorinated core-shell latex nanoparticles and the hydrophobic stability of films. Polymer, 2015, 74: 216-223.

[37]　Du J J, Sun X T, Xu L J, Tang J X, Liu H N, Wu W. Influence of modified nano-silica on the performance of laser holographic coatings. Adv Sci Lett, 2012, 5（1）: 306-309.

[38]　Tvingstedt K, Dal Zilio S, Inganäs O, Tormen M. Trapping light with micro lenses in thin film organic photovoltaic cells. Opt Express, 2008, 16（26）: 21608-21615.

[39]　Sánchez-Illescas P J, Carpena P, Bernaola-Galván P, Sidrach-De-Cardona M, Coronado A V, Álvarez J L. An analysis of geometrical shapes for PV module glass encapsulation. Sol Energy Mater Sol Cells, 2008, 92（3）: 323-331.

第3章

全息光折变高分子材料

光折变效应(photorefractive effect)是指材料在吸收光子后产生电荷分离，并通过形成空间电荷场使材料折射率发生改变的现象[1,2]。它最早是由美国贝尔实验室 Ashkin 等于 1966 年在铌酸锂(LiNbO₃)晶体中发现的[3]。具有光折变效应的材料称为光折变材料。在相干激光等非均匀光的辐照下，光折变材料内部形成具有折射率空间调制的有序结构，从而记录存储信息。由于上述结构变化的可逆性，所记录存储的信息在均匀光辐照下可被擦除[4]，因此光折变材料在动态 3D 显示[5,6]、可擦写数据存储[7]、光学相关性检测[8]、新奇滤波器(novelty filter)[9]、无损检测[10]等领域应用广泛。

早期研究的主要是无机类光折变材料，如 LiNbO₃、KNbO₃、BaTiO₃ 等铁电型无机晶体，Bi₁₂SiO₂₀、Bi₁₂GeO₂₀ 等非铁电型氧化物晶体和 GaAs、GdTe 等半导体型无机晶体，但这些无机类光折变晶体难以制备，限制了光折变技术的发展[11]。1990 年，瑞士联邦理工学院 Günter 等发现，掺杂了生色团的有机晶体也表现出光折变效应[12,13]。同年，IBM 公司 Almaden 中心 Ducharme 等采用双酚 A、乙二醇二缩水甘油醚和 4-硝基邻苯二胺(作为生色团)聚合，并掺杂空穴传输介质 4-(二乙胺基)苯甲醛二苯腙，首次制得了光折变高分子材料[14]，推动了光折变技术的应用发展。

与其他光折变材料相比，光折变高分子材料具有如下优势：①质量轻、柔韧性好、易加工；②结构设计更灵活，性能易调控[4]；③光折变性能更优[1]。因此光折变高分子材料备受关注。由于光折变高分子材料的应用与全息技术的发展紧密相关，本章将围绕全息光折变高分子材料的光折变原理、材料组成、性能表征、结构与性能调控、光折变功能应用、发展展望六个方面进行简要介绍。

3.1 光折变原理 ◂◂◂

产生光折变效应有四个过程：①电荷分离，即在非均匀光辐照下产生载流子(电子或空穴)；②电荷输运，即载流子沿着电荷密度梯度扩散或在外加电场作用下而迁移；③载流子被捕获，形成空间电荷场（space-charge field）；④在空间电荷场和外加电场共同作用下，材料的折射率产生空间调制[15]。

　　以外加电场驱动的光生载流子迁移为例，在相干光辐照下，光折变材料在相干亮区发生电荷分离，进而产生载流子（即电子或空穴）。在全息光折变高分子材料中，载流子通常是空穴[图 3-1(a)]。在外加电场的作用下，空穴沿电场方向迁移，并富集到相干暗区，导致电子在相干亮区富集，形成电子富集区[图 3-1(b)]。电子富集区与空穴富集区在全息光折变高分子材料内部形成空间电荷场，电荷场方向由空穴富集区指向电子富集区。根据相干光的正弦分布行为，空间电荷场的强度也呈正弦分布。在空间电荷场作用下，材料内部产生正弦式的折射率空间调制，形成全息光栅结构[图 3-1(c)]。全息光折变高分子材料的折射率调制度（n_1）与材料内部空间电荷场的强度（E_{SC}）成正比[16]：

$$n_1 = -\frac{n_{av}^3 r_e E_{SC}}{2} \tag{3-1}$$

式中：n_{av} 为全息光折变高分子材料的平均折射率；r_e 为有效电光效率。

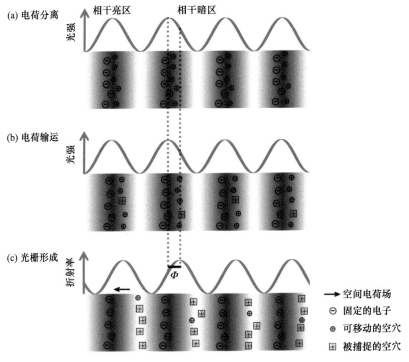

图 3-1　全息光折变高分子材料形成光栅的原理示意图[4]

　　在全息光折变高分子材料中，载流子迁移往往可以跨越几微米的距离[15]。载流子迁移后，呈正弦分布的折射率与相干光的光强存在相位差，称为相位偏移

（Φ）。若相位偏移值不为零，形成的全息光栅为非定域光栅（nonlocal grating），这是全息光折变材料区别于其他全息记录材料的重要特征。非定域光栅的形成会导致两束相干光之间产生能量转移，使其中一束光减弱、另一束光增强。此外，光强也影响全息光折变高分子材料形成光栅结构的速度[17]。载流子迁移不会导致全息光折变高分子化学键的断裂、生成或转化。在均匀光辐照或加热条件下，已分离的电子、空穴复合而呈电中性，从而擦去全息信息。因此，全息光折变高分子材料适合应用于全息信息的快速可逆擦写。

3.2　全息光折变高分子材料的组成　<<<

全息光折变高分子材料主要包含四个组分：光敏剂（photosensitizer）、光电导体（photoconductor）、生色团（chromophore）和高分子基体（polymer）。此外，在部分全息光折变高分子材料中还会添加增塑剂，以促进载流子迁移。

3.2.1　光敏剂

光敏剂的功能是吸收光子，并通过电荷分离产生载流子。有机小分子、金属有机化合物、半导体量子点均可作为全息光折变高分子材料的光敏剂[18,19]。如图 3-2 所示，常见的光敏剂有 C_{60}、PCBM、TNF 和 TNFM。在全息光折变高分子材料中，光敏剂的含量一般在 1 wt%左右。

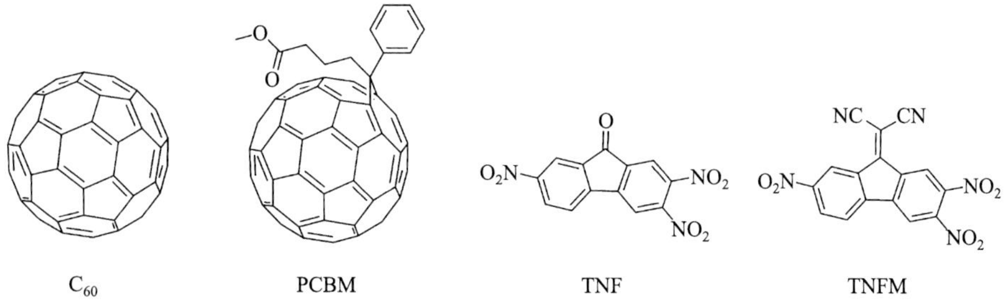

C_{60}　　　　　PCBM　　　　　TNF　　　　　TNFM

图 3-2　常见的光敏剂

光敏剂吸收光子产生电荷需要经过三个步骤（图 3-3）：吸收光子、电子转移、电荷分离。光敏剂吸收光子后，电子从最高占据分子轨道（highest occupied molecular orbital，HOMO）跃迁到最低未占分子轨道（lowest unoccupied molecular orbital，LUMO），使光敏剂进入激发态。与基态相比，处于激发态的光敏剂易给出或接受电子而发生氧化或还原反应。光电导体（A）如果具有较强氧化性，则可接受激发态光敏剂（D*）的电子，生成负电荷中心。同时，光敏剂生成正电荷中心。在库仑力作用下，正、负电荷中心紧密连接在一起。正、负电荷中心由于分别具有强的氧化和还原性质，容易发生电荷复合，使处于电荷分离状态的物种回到始态。但是，在外加电场作用下，处于电荷分离状态的正、负电荷中心摆脱库仑力的束缚，形成可移动的载流子。值得注意的是，所施加的电场强度通常较高，甚至高达几千伏[5]。

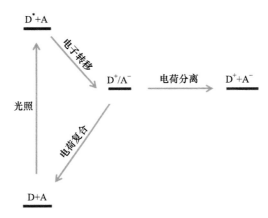

图 3-3   光敏剂吸收光子产生电荷的原理示意图

3.2.2   光电导体

在全息光折变高分子材料中，光电导体通过氧化还原反应输运载流子。输运载流子的官能团主要以三种形式存在于高分子基体中：①以小分子掺杂的方式分散在高分子基体中；②作为高分子主链的一部分；③以侧链形式接枝在高分子上。在后两种情况中，光电导体同时也是高分子基体。

光电导体通常具有较强的氧化或还原能力，若为氧化剂则为电子传输介质，若为还原剂则为空穴传输介质。在全息光折变高分子材料中，光电导体通常是含有芳胺、咔唑等还原性基团的物质，因此主要传输空穴。同一种光电导体不能同时输运电子和空穴，否则会造成电子和空穴的湮灭，进而导致内部空间电荷场消失。常见的光电导体有 TPD-PPV、PSX-CZ、PVK、PATPD/CAAN（图3-4）。

3.2.3   生色团

在全息光折变高分子材料中，生色团主要对强度呈正弦分布的空间电荷场产生响应，通过非线性极化产生电光效应，进而产生折射率的空间调制，形成光栅结构。生色团一般由电子给体、共轭桥、电子受体三部分组成（图3-5）。这种具有推拉电子结构的分子构型，可显著改变共轭桥（通常为大π键）的极性，使生色团具有大的基态偶极矩和第一超极化率。为降低生色团之间的偶极-偶极静电相互作用、抑制宏观各向同性和中心对称排列所导致的偶极矩减弱效应，进而提高生色

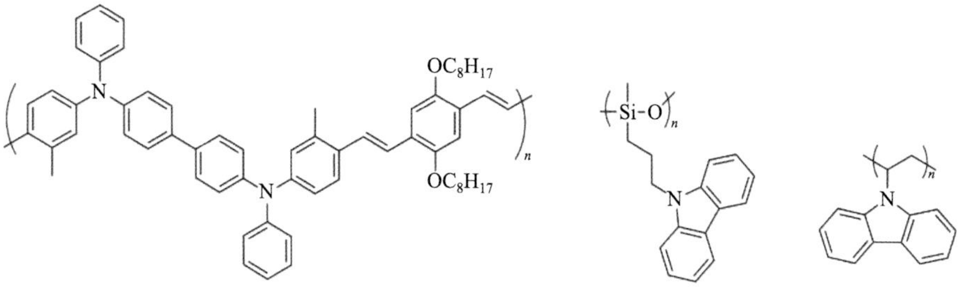

TPD-PPV　PSX-CZ　PVK

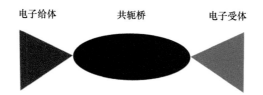

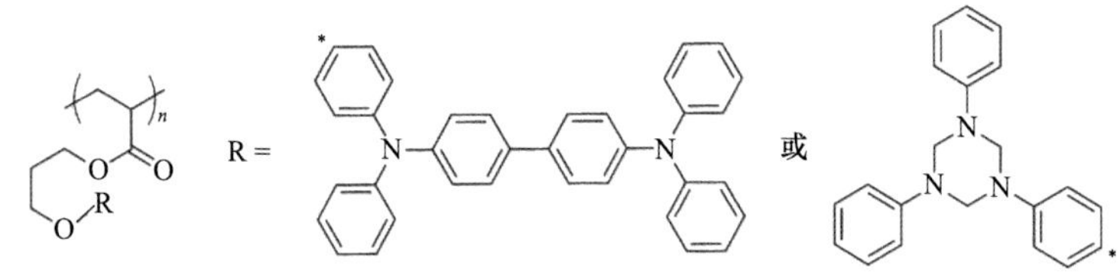

PATPD/CAAN

图 3-4　常见的光电导体

团的非线性光学响应能力，一般在生色团中引入大位阻的非共轭基团[20]。如图 3-6 所示，常见的生色团有 DCDHF-6、DCDHF-6-C7M、DMNPA、MNPA、DEANST、DB-IP-DC 和 AODCST。

图 3-5　具有推拉电子结构的生色团结构示意图

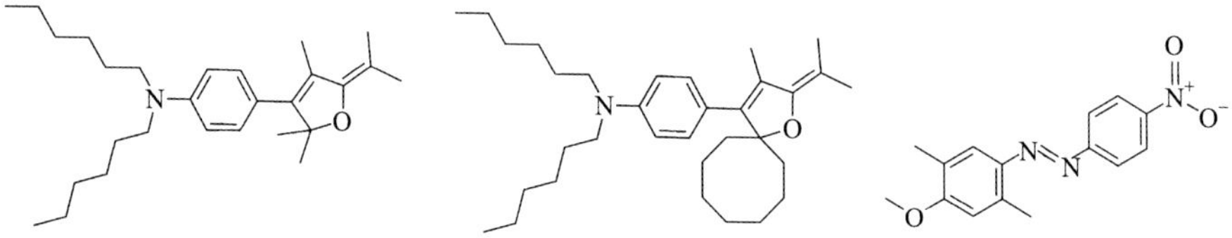

DCDHF-6　DCDHF-6-C7M　DMNPA

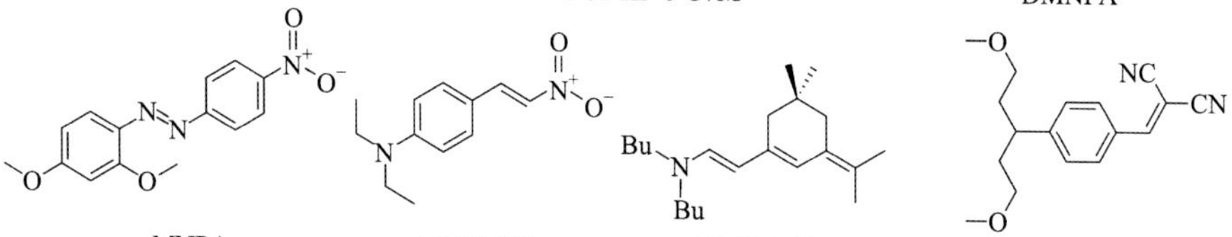

MNPA　DEANST　DB-IP-DC　AODCST

图 3-6　常见的生色团

3.2.4 高分子基体

高分子基体赋予全息光折变高分子材料良好的自支撑性和可加工性，并促进光敏剂、光电导体和生色团之间的相互作用。常用的高分子基体有聚 N-乙烯咔唑、聚苯乙烯、聚甲基丙烯酸甲酯、聚碳酸酯、聚硅氧烷等。如前所述，输运空穴的官能团可以位于高分子主链中或接枝于高分子侧链上，此时高分子基体也是光电导体。类似地，生色团也可通过共价键与高分子链相连，实现光折变高分子基体的双功能化。甚至还可以将光电导体、生色团和光敏剂通过共价键与高分子链相连[21,22]，实现高分子基体的多功能化。

3.2.5 增塑剂

增塑剂的功能主要是降低高分子材料的玻璃化温度。如图 3-7 所示，常见的增塑剂有邻苯二甲酸二苯酯(DPP)、磷酸三甲苯酯(TCP)、邻苯二甲酸丁苄酯(BBP)。值得注意的是，一些小分子光电导体，如 N-乙基咔唑(ECZ)，也具有增塑作用，可以看成是兼具光电导体和增塑剂功能的组分。

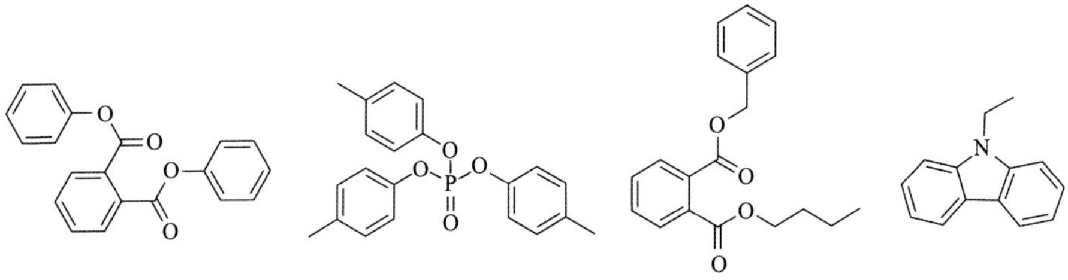

DPP   TCP   BBP   ECZ

图 3-7 常见的增塑剂

3.3 全息光折变高分子材料的表征 ◀◀◀

3.3.1 二波耦合

二波耦合(two-beam coupling)是表征全息光折变高分子材料非定域特性的重要方法[23]。如图 3-8 所示，相干激光 1 和 2 分别从 θ_1 和 θ_2 的入射角照射全息光折变高分子材料，在材料内部发生干涉，形成明暗相间的干涉条纹。在外加电场作用下，相干亮区产生的空穴向相干暗区迁移，最终通过建立空间电荷场的方式实现折射率调制，形成非定域全息光栅结构(即折射率调制曲线与相干激光的光强分布曲线存在相位差）。当全息光栅处于稳态时，入射光束 1、2 在全息光栅内部发生能量转移，使得两束激光在出射端分别减弱和增强。能量转移的程度可以采用二波耦合增益系数（two-beam coupling gain coefficient，Γ）来定量化描述。二波耦合后的能量转移方向可通过改变外加电场的方向或耦合光束的偏振方向来调控[24]。

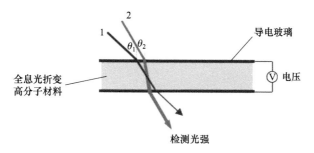

图 3-8　二波耦合法表征全息光折变高分子材料的原理示意图[4]

假设入射光束 1 和 2 均为线偏振光，光束 1 为检测光，光束 2 为参考光，它们的入射强度分别定义为 $I_{1(in)}$ 和 $I_{2(in)}$。根据耦合波理论，它们经过全息光折变高分子材料后的出射强度 $I_{1(out)}$ 和 $I_{2(out)}$ 分别为[4]

$$I_{1(out)} = \frac{I_{1(in)} + I_{2(in)}}{1 + \beta_p \exp(-\Gamma L_2)} \tag{3-2}$$

$$I_{2(out)} = \frac{\beta_p (I_{1(in)} + I_{2(in)})}{\beta_p + \exp(\Gamma L_2)} \tag{3-3}$$

式中：β_p 为两束入射光的初始光强比 $I_{2(in)} / I_{1(in)}$；L_2 为光束有效作用距离，即 $d / \cos\theta_1$（d 为全息光栅厚度）。

二波耦合增益系数（Γ）为

$$\Gamma = \frac{4\pi}{\lambda_{writing}} \frac{n_1}{m} \sin\Phi \tag{3-4}$$

式中：n_1 为折射率调制度；m 为相干图案的调制深度（the modulation depth of the interference pattern），即 $2\sqrt{\beta_p} / (1 + \beta_p)$。利用式 (3-2) 和式 (3-3)，可以求出 Γ 的另一表达式

$$\Gamma = \frac{\ln(\beta_p I_{1(out)} / I_{2(out)})}{L_2} \tag{3-5}$$

由式 (3-4) 可知，当相位偏移（Φ）为 π/2 时，二波耦合增益系数达到最大，所形成的光栅也具有最大的衍射效率；当相位偏移为 0 时，两束激光之间没有能量转移。

3.3.2 四波混频

四波混频(four-wave mixing)和二波耦合相似，其光路如图 3-9 所示。与二波耦合相比，四波混频法在入射光束 1 和 2 的相反方向上加入检测光束 3[16]。为准确表征光栅性能，光束 3 的波长应与光束 1 和 2 相同。为防止光栅相位失配，光束 3 的入射点应与 1 或 2 的出射点相同，但传播方向相反。需要注意的是，应避免光束 3 对光栅结构的破坏。为实现这一目的，可以采用两种不同的策略：①控制检测光束 3 的光强，使其远弱于光束 1 和 2 的强度；②将光束 3 的偏振方向调整到与光束 1 和 2 的偏振方向垂直，从而避免光束 3 与光束 1 或 2 发生干涉，同时也避免改变生色团的取向结构。

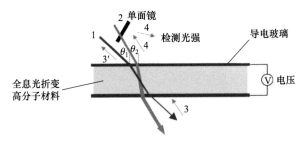

图 3-9   四波混频法表征全息光折变高分子材料的原理示意图[16]

光束 3 穿过全息光折变高分子材料后，形成光束 3′。由于光束 1 和 2 发生干涉并在全息光折变高分子材料内部形成光栅结构，光束 3 经过光栅时会发生衍射，产生光束 4。光束 4 的强度(I_4)低于光束 3(I_3)。此时，全息光折变高分子材料的实时衍射效率(η)可通过计算 I_4/I_3(外衍射效率)或 $I_4/(I_3+I_4)$(内衍射效率)的比值得到。

根据衍射效率(η)，可计算全息光折变高分子材料的折射率调制度(n_1)[25]：

$$n_1 = \frac{\lambda_{\text{writing}}}{\pi L_4 \hat{e}_1 \hat{e}_2} \arcsin\left(\frac{\eta}{\exp(-\varepsilon L_4)}\right)^{0.5} \tag{3-6}$$

$$L_4 = d / \sqrt{\cos\theta_1 \cos\theta_2} \tag{3-7}$$

式中：L_4 为四波混频实验中光束的有效作用距离；ε 为全息光折变高分子材料的摩尔消光系数；$\hat{e}_1$ 和 $\hat{e}_2$ 分别为沿电场方向入射光和衍射光的单位矢量。

四波混频法无背景干扰、灵敏度高，可用于表征衍射效率较低的全息光栅；移除光束 1 和 2 之后还可继续利用光束 3 监测光栅衍射效率的变化，因此也可用于表征全息光栅在避光状态下的弛豫速率。

3.4 全息光折变高分子材料的性能调控 ◀◀◀

3.4.1 通过光敏剂调控

在全息光折变高分子材料中,光敏剂是吸收光能并产生电荷分离的关键载体。调控光敏剂的感光波长及其与光电导体之间的电子转移效率是提高光敏剂光致电荷分离效率的关键,也是优化全息光折变高分子材料性能的重要途径。

光敏剂的感光波长可通过分子设计来调控。对于有机分子,可通过改变分子的共轭度、给电子基团和吸电子基团的推拉电子能力来调控感光波长。对于金属有机化合物,可通过改变金属和配体的轨道特征来优化分子轨道的带隙,进而调控光敏剂的感光波长。对于无机纳米粒子,可通过改变掺杂金属离子的种类和含量或改变纳米粒子的尺寸来调控感光波长[4]。

采用 Marcus 电子转移理论[26],计算光敏剂与光电导体之间的电子转移速率常数(k_{et}):

$$k_{et} = k_0 \exp(-B\Delta R) \exp\left[-\frac{(\Delta H_c - \vartheta)^2}{4\vartheta k_B T}\right] \tag{3-8}$$

式中:k_0 为指前因子;B 为系数;ϑ 为重组能;ΔR 为电子给体与电子受体间的距离;ΔH_c 为电子给体和电子受体之间的焓变差;k_B 为玻尔兹曼常量;T 为热力学温度。

当 $\Delta H_c < \vartheta$ 时,电子转移处于正常区,随着电子给体与电子受体之间焓变差的增加,电子转移速率常数增加;当 $\Delta H_c = \vartheta$ 时,电子转移速率常数达到最大;当 $\Delta H_c > \vartheta$ 时,电子转移处于反转区,随着电子给体与电子受体之间焓变差的增加,电子转移速率常数降低。此外,当电子给体与电子受体间的距离增大时,电荷转移速率常数降低。

电荷分离的本质是光敏剂与光电导体之间的电子转移,因此它们之间的轨道匹配度直接影响光致电荷分离速率。当光敏剂与光电导体形成电荷转移复合物时,电子给体和电子受体之间的相互作用促进了电荷分离[27]。此外,电荷转移复合物往往产生新的光谱吸收,因此也可利用光谱来判断是否存在电荷转移复合物。例如,美国亚利桑那大学 Peyghambarian 等发现,光敏剂 C_{60} 与芳胺类化合物(光电导体)形成电荷转移复合物,使 C_{60} 的吸收光谱大幅红移[26]。

美国芝加哥大学 Yu 等报道了一种兼具光敏剂和光电导体功能的锌卟啉高分子,发现取代基结构显著影响了电荷分离效率和全息光折变高分子材料的性能[28]。

例如，不含氰基的锌卟啉高分子(锌卟啉 1，图 3-10)具有较高的 LUMO 轨道能级 (−2.90 eV)，轨道匹配度差，因此光致电荷分离效率低。与之不同的是，经氰基取代后，锌卟啉高分子(锌卟啉 2，图 3-10)的 LUMO 轨道能级大幅降低 (−3.54 eV)，提高了光敏剂与光电导体之间的轨道匹配度，因此显著提高了电荷分离效率。二波耦合实验结果表明，锌卟啉 2 全息光折变高分子材料增益系数可达 93.6 cm^{-1}，远高于锌卟啉 1 全息光折变高分子材料(47.7 cm^{-1})。

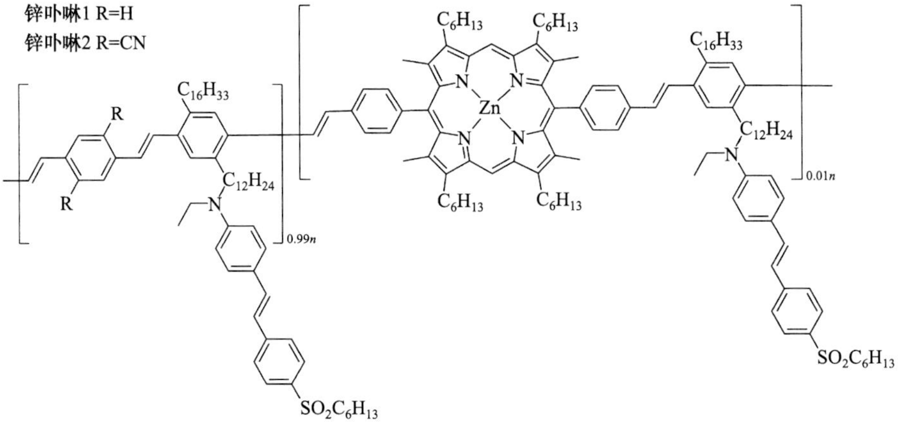

图 3-10 锌卟啉高分子[28]

3.4.2 通过光电导体调控

在全息光折变高分子材料中，由于缺乏长程连续的晶体结构，载流子迁移只能通过光电导体的氧化还原反应来实现。载流子迁移以跳跃(hopping)的方式进行[29]，这是因为：①均匀分散在高分子基体中的光电导体是无规分布的，且每个电荷输运位点的分子排列不同。这种微观结构的差异影响氧化还原反应速率，进而影响载流子的迁移速率。②高分子基体的缺陷增加了材料的不均一性，也影响了载流子迁移速率。当光电导体以小分子的形式掺杂在高分子基体中时，缺陷来自小分子化合物中的杂质以及小分子分散的不均匀性。当光电导体以共价键的方式连接在高分子链中时，缺陷则来自高分子或单体的杂质、高分子链的缠结以及高分子链的局部交联。因此，在全息光折变高分子材料中，载流子迁移是局部无序的，但在宏观上还是沿着外加电场方向进行的[30]。

为描述全息光折变高分子材料中的载流子迁移行为，美国纽约州立大学布法罗分校 Prasad 等把光电导体中的载流子(电子或空穴)分为四种：自由移动的载流子、深度捕获的非活性载流子(电子或空穴处于禁锢状态而无法释放)、深度捕获但具有光学活性的载流子(电子或空穴处于禁锢状态，加热时不可释放但光照时可释放)、浅度捕获的载流子(电子或空穴处于禁锢状态，但在光照或加热时可释放)[31]。当载流子被深度捕获时，全息光折变高分子材料所记录、存储的信息稳定，在避光条件下的全息光栅弛豫较慢；反之，当载流子被浅度捕获时，全息光栅弛豫较快。因此可以根据避光条件下全息光栅的弛豫速率来评估光电导体中载流子被捕获的程度。

基于四波混频测得全息光栅的衍射效率 η，通过如下公式计算全息光栅在避光条件下的弛豫时间 t_d[4,32]：

$$\eta^{1/2} \sim \exp\left(-\frac{t}{t_d}\right)^D \qquad (3\text{-}9)$$

式中：t 为避光时间；D 为扩散系数，与载流子脱离捕获位点的时间相关。需要指出的是，式(3-9)未考虑生色团取向弛豫的影响。

在全息光折变高分子材料中，光电导体的浓度与分子偶极矩也会显著影响载流子的迁移速率。一般地，增加光电导体的浓度可以提高载流子的迁移速率，但也可能导致微观相分离，从而降低全息光栅结构的稳定性。增加分子偶极矩则强化分子间的作用力，导致载流子迁移速率下降[33]。

3.4.3　通过生色团调控

生色团易发生极化，表现出非线性光学行为。为此，引入品质因子(figure of merit，FOM)来评价生色团的非线性光学行为，并按照如下公式计算[34]：

$$\text{FOM} = \frac{1}{M}\left(9\mu_g x + \frac{2\mu_g^2 \Delta x}{k_B T}\right) \qquad (3\text{-}10)$$

式中：M 为生色团的分子量；μ_g 为基态时的偶极矩；x 为第一超极化率(first hyperpolarizability)；Δx 为极化率各向异性。

提高品质因子是提升全息光折变高分子材料性能的有效途径。生色团通常是含大 π 键的共轭分子，在 π 键两端分别连接吸电子和给电子基团，有助于提高生色团的偶极矩，从而提高其电场响应能力。然而，当分子间偶极-偶极作用太强时，生色团倾向于形成反向平行的二聚体，导致其电场响应能力下降。为抑制生色团的聚集，在生色团中引入大位阻的取代基，以增大生色团之间的距离[20]。

生色团在电场下发生取向，使全息光栅的衍射效率高于理论值，这种现象称为取向增强效应(orientational enhancement effect)[35]。在没有外加电场时，生色团在全息光折变高分子材料中呈无规分布[图 3-11(a)]。在一定强度的外加电场作用下，处于基态的生色团由于具有较大的偶极矩而被外加电场取向[图 3-11(b)]。当被相干激光辐照时，相干亮区的光敏剂被激发并产生电荷分离，生成的载流子迁移，形成空间电荷场[图 3-11(c)]。空间电荷场的强度(E_{SC})呈正弦分布，与外加电场(E_0)叠加形成统一电场 E，也呈正弦分布[图 3-11(d)]。此外，生色团也随统一电场呈正弦方式取向。全息光栅的衍射效率与统一电场的强度密切相关[35]，由于液晶态分子在电场作用下易于取向，因此，赋予生色团液晶性有利于降低全息光折变高分子材料形成光栅结构所需的外加电场强度[36]。

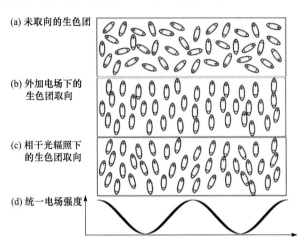

图 3-11   生色团在全息光折变高分子材料中的取向行为[4]

值得注意的是，生色团的取向不仅可以提高全息光折变高分子材料的衍射效率，同时也会影响全息光折变高分子材料的感光灵敏度。当生色团的取向速率远大于电荷分离及载流子输运速率时，电荷分离与载流子迁移为全息光栅形成过程的决速步骤；反之，生色团的取向为决定因素。在全息记录过程中，生色团的电荷分离、载流子迁移受相干光强的影响，而生色团的取向主要取决于外加电场的强度。因此全息光栅形成过程中的决速步骤，可以通过折射率调制度 n_1 与写入光光强($I_{writing}$)的如下关系来确定[37]：

$$n_1 \sim [1-\exp(-\kappa_r t)], \kappa_r \sim I_{writing}^{j} \tag{3-11}$$

式中：κ_r 为全息光折变高分子材料的响应速率；j 为幂指数。j 值接近 1 时，电荷分离和载流子输运过程是决速步骤；j 值接近 0 时，生色团的取向过程是决速步骤。

此外，生色团的浓度也是影响全息光折变高分子材料性能的重要因素。当生色团的浓度太低时，生色团对正弦变化的统一电场不敏感。而当生色团的浓度太高时，生色团易出现团聚，并与其他组分发生相分离，导致光散射；同时由于生色团一般具有较高的偶极矩，浓度太高也导致光电导体中的载流子迁移能力下降[33]，从而降低全息光折变高分子材料的性能。

3.4.4　通过高分子基体调控

在全息光折变高分子材料中，高分子基体不仅是各功能组分的支撑、载体，而且也是各功能组分相互作用的场所，因此高分子基体的化学和物理性质直接影响全息光折变高分子材料的性能。如前所述，生色团在电场作用下的取向可显著提高全息光折变高分子材料的折射率调制度和衍射效率，而降低高分子基体的玻璃化温度有利于加快生色团的取向过程。此外，高分子基体的玻璃化温度也影响载流子在光电导体中的迁移速率以及全息光栅在避光条件下的弛豫速率。因此，设计全息光折变高分子材料要针对应用场合的不同特点，灵活调控高分子基体的玻璃化温度。例如，为提高信息存储的稳定性，一般是将高分子基体的玻璃化温度调控到使用温度以上。而为满足动态全息显示对图像更新速率的要求，则将高分子基体的玻璃化温度调控到使用温度以下，从而加速生色团在外加电场下的取向以及移除外加电场后取向结构的消除。

3.4.5　通过增塑剂调控

添加增塑剂是调控高分子基体玻璃化温度的有效方法，对调控全息光折变高分子材料的性能具有重要意义。过多的增塑剂对光电导体的稀释作用会导致材料中的载流子浓度降低。为此，科学家们设计、合成了同时具有光电导体或生色团功能的多功能增塑剂[38]。

3.4.6　通过温度调控

温度直接影响着电荷分离、载流子迁移、生色团取向等过程[37,39]。当全息光折变高分子材料处于玻璃态时，生色团的取向速率和载流子的迁移速率都要比处于高弹态时低几个数量级[40]，因此升高温度有利于全息记录。但需要注意的是，温度过高会削弱生色团的取向增强效应，同时降低载流子捕获位点的密度，不利于全息光栅结构的形成[38]。以基于 C_{60} 为光敏剂、DCDHF-6/DCDHF-6-C7M 混合物（质量比为 1∶1）为生色团制备的全息光折变高分子材料为例[37]，从图 3-12 可以看出，当温度低于材料玻璃化温度（23 ℃）约 3 ℃时，全息光栅记录时间大于100 s；当温度高于玻璃化温度约 1 ℃时，全息光栅记录时间缩短为 10 s 左右，感光灵敏度提高了一个数量级。当温度高于玻璃化温度 7 ℃时，全息光栅记录时间进一步缩短至约 1 s。同时从图 3-13 可以看出，当温度从 19.5 ℃升高到 27 ℃时，该材料的幂指数 j 从 0.2 快速提高至 0.7，证实了当温度低于玻璃化温度时，生色团的取向过程缓慢，是全息光栅形成的决速步骤。随着温度的升高，生色团的取向速率加快，电荷分离和载流子迁移成为决速步骤。当温度进一步提高时，光致电荷分离速率及载流子迁移效率不再提高，因此幂指数 j 不再发生显著变化[37]。

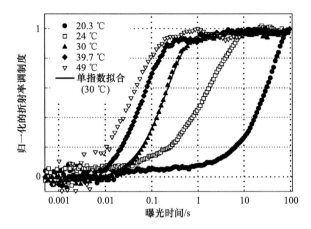

图 3-12   不同温度下全息光折变高分子材料折射率调制度与曝光时间的关系[37]

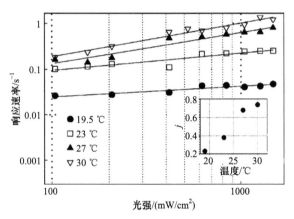

图 3-13   不同温度下全息光折变高分子材料的响应速率与光强的关系[37]
插图为幂指数 j 与温度的关系

3.4.7   通过预处理工艺调控

通过优化预处理工艺,可以优化全息光栅的形成过程。如在全息记录前施加电压进行预处理,使生色团取向排列以加快全息光栅的形成。或进行均匀预辐照处理,以促进全息光折变高分子材料内部的电荷分离和载流子迁移。当均匀预辐照产生的载流子被深度捕获时,全息光栅的形成速率和衍射效率都得以提高[41]。以基于 TPD-PPV 为高分子基体和光电导体、DMNPA 和 MNPA 共混物为生色团、DPP 为增塑剂、C_{60} 为光敏剂制备的全息光折变高分子材料为例[42],从图 3-14 可以看出,在全息记录前均匀预辐照 955 ms,随着预辐照光强的增加,全息光折变高分子材料的衍射效率和感光灵敏度均得到显著提高。

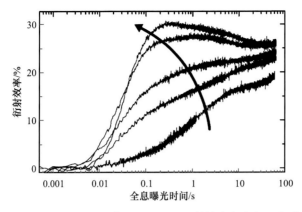

图 3-14　预辐照处理全息光折变高分子材料的衍射效率与全息曝光时间的关系[42]
箭头表示预辐照光强增加，依次为 0 W/cm² 、0.3 W/cm² 、0.6 W/cm² 、2.3 W/cm² 和 5.2 W/cm²

3.5　全息光折变高分子材料的应用　◀◀◀

3.5.1　实时 3D 显示

自 2009 年 3D 电影《阿凡达》在商业上取得巨大成功以来，3D 电影产业链迅速发展。目前影院的 3D 电影仍需佩戴偏光眼镜观看，难以满足人们对裸眼 3D 显示的期待。全息光折变高分子材料具有优异的可逆擦写性能，可应用于实时 3D 显示。例如，美国亚利桑那大学 Peyghambarian 等以 PATPD/ CAAN 共聚物为高分子基体和光电导体、PCBM 为光敏剂、ECZ 为增塑剂、氟代二氰基苯乙烯为生色团，制备了全息光折变高分子材料[5]，配合纳秒脉冲激光器，实现了 2 s 更新一幅全息图的裸眼 3D 显示[5]。从图 3-15 可以看出，所显示的全息图像逼真、立体效果好[5]。

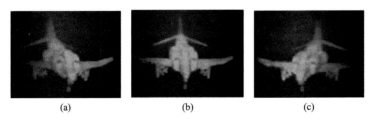

(a)　　　　　　　(b)　　　　　　　(c)

图 3-15　采用全息光折变高分子材料实现的 3D 显示：飞机左侧(a)、
前方(b)和右侧(c)[5]

3.5.2 可擦写数据存储

全息数据存储由于具有超高的存储密度而备受关注[43,44]，而全息光折变高分子材料的优势在于数据的可逆擦写[7]。然而，数据的存储寿命与写入速率之间还存在矛盾，例如，通过降低生色团的弛豫速率可以提高数据的存储寿命，但同时却降低了数据的写入速率。为此科学家们进行了不懈的探索，发现对全息光折变高分子材料进行退火处理是解决这一矛盾的有效途径，即选用玻璃化温度较高的全息光折变高分子材料，加热至玻璃化温度进行全息记录，通过强化生色团的取向增强效应和提高载流子迁移速率提高数据的写入速率。随后将全息光折变高分子材料迅速冷却至室温，将生色团的取向结构固定下来，以提高数据的存储寿命。例如，美国纽约州立大学布法罗分校 Prasad 等采用 PVK 为高分子基体和光电导体、C_{60} 为光敏剂、TCP 为增塑剂、DEANST 为生色团，制备了玻璃化温度为 69 ℃ 的全息光折变高分子材料[45]。将材料升温至 72 ℃进行全息记录，然后降温至 20 ℃ 将数据固定下来。需要注意的是，退火处理易导致非均匀热扩散，从而损害全息光折变高分子材料的光学品质，因此退火温度不宜比材料玻璃化温度高得太多。

3.5.3 光学相关性检测

光学相关(optical correlation)在军事、航海、安全等领域应用广泛[46]，其基本原理是将数据库中的图像与目标图像进行对比，从而确认二者的相关性。全息光折变高分子材料在光学相关性检测中的应用值得关注，为此科学家们发明了联合变换(joint-transform)和匹配滤波(matched-filter)技术。联合变换技术的原理是：将一束带有已知图像信息的激光与另一束带有待测图像信息的激光同时辐照全息光折变高分子材料，两束激光相干形成全息光栅。在进行图像检测时，采用第三束不参与相干过程的光照射光栅，产生衍射信号就表明已知图像与待测图像存在相关性。匹配滤波技术的原理是：采用一束带有已知图像信息的激光与另一束参考激光同时照射全息光折变高分子材料，记录全息图像。在进行图像检测时，采用带有待测图像信息的激光照射该全息图，检测输出端的相干光强以实现光学相关性检测[47]。

韩国汉阳大学 Kim 等以 PSX-CZ 为高分子基体和光电导体、TNF 为光敏剂、DB-IP-DC 为生色团，制备了全息光折变高分子材料，并采用联合变换技术进行图像相关性检测[8]。如图 3-16 所示，将两束含有图像信息的写入光(s 偏振)同时照射全息光折变高分子材料，产生全息光栅；同时，第三束 s 偏振的入射光被半波滤光片转换为 p 偏振光，以检测全息光折变高分子材料中的光栅结构。当两束 s 光所载图像具有高度相关性时，检测器可接收到 p 光的信号。当两束 s 光所载图像不同时，如两个掩模版分别带有"COPM"和"M"的文字，检测器不能检测到信号。

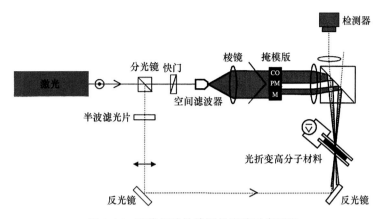

图 3-16　图像相关性检测的光路示意图[8]

3.5.4　新奇滤波器

新奇滤波器(novelty filter)是将静止物体的信息过滤掉，只显示运动物体信息的一种新奇装备，在跟踪移动物体、相位测量及生物医学检测等领域应用广泛[48]。由于全息光折变高分子材料形成的全息光栅具有非定域特征，两束互相耦合的光发生能量转移，其中一束出射光的强度大幅减弱，而另一束出射光的强度大幅增强，因此是制备新奇滤波器的理想材料。例如，斯坦福大学 Moerner 等以 PVK 为高分子基体和光电导体、C_{60} 为光敏剂、BBP 为增塑剂、AODCST 为生色团，制备了全息光折变高分子材料，并应用于新奇滤波器[9]，如图 3-17 所示。当关闭参考光时，物光将物体信息投影到全息光折变高分子材料中，在出射端显示物光所载信息[图 3-18(a)]。当打开参考光时，与物光同时辐照全息光折变高分子材料，通过干涉形成光栅。由于能量从物光向参考光转移，检测器检测到的图像信号逐渐减弱，直至消失[图 3-18(b)]。此时，如果快速移动物体，则物光携带的图像信息被

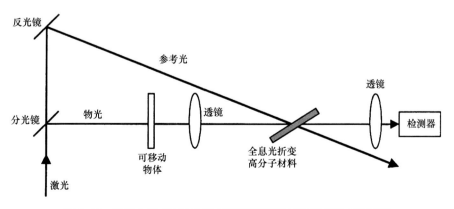

图 3-17　基于全息光折变高分子材料的新奇滤波器光路示意图[9]

检测器重新检测到[图 3-18(c)][9]。在参考光与物光同时辐照全息光折变高分子材料的情况下，只有当物体的运动速率快于全息光栅的刷新速率时，携带物体信息的物光才能到达检测器；反之，检测器无法探测到物光信息[图 3-18(d)～(f)]。

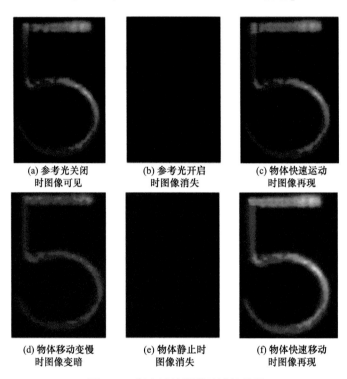

(a) 参考光关闭
时图像可见

(b) 参考光开启
时图像消失

(c) 物体快速运动
时图像再现

(d) 物体移动变慢
时图像变暗

(e) 物体静止时
图像消失

(f) 物体快速移动
时图像再现

图 3-18　新奇滤波器的滤波效果[9]

3.5.5　无损检测

基于激光全息的超声检测是一种非侵入式无损检测技术，可以实现对超声振动的远程检测，从而获取材料内部的缺陷信息[10]。如图 3-19 所示，基于激光全息的超声检测装置主要由激光系统和检测系统组成，用分光镜将激光分成两束同源相干光，其中一束光照射待测物体，所产生的反射光作为物光，经过全息光折变高分子材料后到达检测器；另一束光作为参考光直接照射全息光折变高分子材料。这两束光相互干涉，在全息光折变高分子材料内部形成全息光栅结构，导致物光和参考光中的一束光增强、一束光减弱。此时，如果有超声波使待测物体表面发生振动，经物体表面反射的物光会产生偏移，导致全息光折变高分子材料中的光栅周期发生改变，进而影响到达检测器的物光信号[10]。

基于全息光折变高分子材料的无损检测，具有远程监测、动态监测的优势，使人类免于苛刻、有害环境的侵害，应用前景广阔。

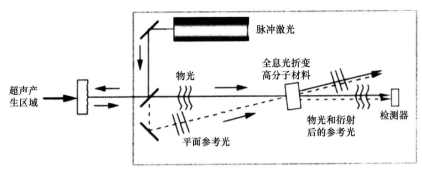

图 3-19　基于激光全息-超声的无损检测系统光路示意图[10]

3.6　全息光折变高分子材料的发展展望　◀◀◀

全息光折变高分子材料具有独特的光致响应特性，在动态 3D 显示、可擦写数据存储、光学相关性检测、新奇滤波器、无损检测领域应用前景广阔。经过技术创新，科学家们已制备了增益系数高、衍射效率接近 100%、图像更新速率在毫秒级的全息光折变高分子材料。然而，全息光折变高分子材料的应用还面临着如下挑战：①高性能全息光折变高分子材料的工作电压通常较高，虽然也有无需外加电压的体系[49]，但其光折变性能较差，工作电压与材料性能之间存在较大矛盾；②与无机光折变材料相比，全息光折变高分子材料的图像更新速率仍然偏慢；③全息光折变高分子材料的耐高温和抗氧化性能较差，导致其使用寿命不长。因此，未来还需加强全息光折变高分子材料的基础研究，开发高性能、长寿命、低工作电压的全息光折变高分子材料。

参 考 文 献

[1] 曹少魁, 石军, 张丽, 徐慎刚. 有机光折变材料. 北京: 科学出版社, 2009.

[2] 师昌绪. 材料大辞典. 北京: 化学工业出版社, 1994.

[3] Ashkin A, Boyd G D, Dziedzic J M, Smith R G, Ballman A A, Levinstein J J, Nassau K. Optically-induced refractive index inhomogeneities in LiNbO$_3$ and LiTaO$_3$. Appl Phys Lett, 1966, 9（1）: 72-74.

[4] Ostroverkhova O, Moerner W E. Organic photorefractives: Mechanisms, materials, and applications. Chem Rev, 2004, 104（7）: 3267-3314.

[5] Blanche P A, Bablumian A, Voorakaranam R, Christenson C, Lin W, Gu T, Flores D, Wang P, Hsieh W Y, Kathaperumal M, Rachwal B, Siddiqui O, Thomas J, Norwood R A, Yamamoto M, Peyghambarian N. Holographic three-dimensional telepresence using large-area photorefractive polymer. Nature, 2010, 468（7320）: 80-83.

[6] Tay S, Blanche P A, Voorakaranam R, Tunc A V, Lin W, Rokutanda S, Gu T, Flores D, Wang P, Li G, St Hilaire

P, Thomas J, Norwood R A, Yamamoto M, Peyghambarian N. An updatable holographic three-dimensional display. Nature, 2008, 451 (7179): 694-698.

[7]　Lundquist P M, Poga C, DeVoe R G, Jia Y, Moerner W E, Bernal M P, Coufal H, Grygier R K, Hoffnagle J A, Jefferson C M, Macfarlane R M, Shelby R M, Sincerbox G T. Holographic digital data storage in a photorefractive polymer. Opt Lett, 1996, 21 (12): 890-892.

[8]　Chun H, Joo W J, Kim N J, Moon I K, Kim N. Applications of polymeric photorefractive material to reversible data storage and information processing. J Appl Polym Sci, 2003, 89 (2): 368-372.

[9]　Goonesekera A, Wright D, Moerner W E. Image amplification and novelty filtering with a photorefractive polymer. Appl Phys Lett, 2000, 76 (23): 3358-3360.

[10]　Klein M B, Bacher G D, Grunnet-Jepsen A, Wright D, Moerner W E. Homodyne detection of ultrasonic surface displacements using two-wave mixing in photorefractive polymers. Opt Commun, 1999, 162 (1-3): 79-84.

[11]　崔元靖, 王民权, 钱国栋. 光折变材料研究进展. 材料导报, 2002, 16 (10): 12-15.

[12]　Sutter K, Hulliger J, Günter P. Photorefractive effects observed in the organic crystal 2-cyclooctylamino-5-nitropyridine doped with 7,7,8,8-tetracyanoquinodimethane. Solid State Commun, 1990, 74 (8): 867-870.

[13]　Sutter K, Günter P. Photorefractive gratings in the organic crystal 2-cyclooctylamino-5-nitropyridine doped with 7,7,8,8-tetracyanoquinodimethane. J Opt Soc Am B, 1990, 7 (12): 2274-2278.

[14]　Ducharme S, Scott J C, Twieg R J, Moerner W E. Observation of the photorefractive effect in a polymer. Phys Rev Lett, 1991, 66 (14): 1846-1849.

[15]　Moerner W E. The photorefractive effect. Nature, 1994, 371 (6497): 476.

[16]　Moerner W E, Grunnet-Jepsen A, Thompson C L. Photorefractive polymers. Annu Rev Mater Res, 1997, 27: 585-623.

[17]　茹占军. 新型有机光折变材料的合成及载流子陷阱表征方法研究. 哈尔滨: 哈尔滨理工大学, 2005.

[18]　Winiarz J G, Zhang L, Lal M, Friend C S, Prasad P N. Photogeneration, charge transport, and photoconductivity of a novel PVK/CdS-nanocrystal polymer composite. Chem Phys, 1999, 245 (1-3): 417-428.

[19]　Suh D J, Park, O O, Ahn T, Shim H K. Observation of the photorefractive behaviors in the polymer nanocomposite based on p-PMEH-PPV/CdSe-nanoparticle matrix. Opt Mater, 2003, 21 (1-3): 365-371.

[20]　李忠安, 李振. 具有枝状结构二阶非线性光学高分子的研究进展. 高分子学报, 2017, 48 (2): 155-177.

[21]　Yu L P, Chan W K, Bao Z N, Cao S X F. Synthesis and physical measurements of a photorefractive polymer. J Chem Soc, Chem Commun, 1992, (23): 1735-1737.

[22]　Peng Z H, Gharavi A R, Yu L P. Synthesis and characterization of photorefractive polymers containing transition metal complexes as photosensitizer. J Am Chem Soc, 1997, 119 (20): 4622-4632.

[23]　Walsh C A, Moerner W E. Two-beam coupling measurements of grating phase in a photorefractive polymer. J Opt Soc Am B, 1992, 9 (9): 1642-1647.

[24]　Moerner W E, Silence S M. Polymeric photorefractive materials. Chem Rev, 1994, 94 (1): 127-155.

[25]　Kogelnik H. Coupled wave theory for thick hologram gratings. Bell Syst Tech J, 1969, 48 (9): 2909-2947.

[26]　Hendrickx E, Kippelen B, Thayumanavan S, Marder S R, Persoons A, Peyghambarian N. High photogeneration efficiency of charge-transfer complexes formed between low ionization potential arylamines and C_{60}. J Chem Phys, 2000, 112 (21): 9557-9561.

[27]　Turro N J. Modern molecular photochemistry. Sausalito: University Science Books, 1991.

[28]　You W, Wang L M, Wang Q, Yu L P. Synthesis and structure/property correlation of fully functionalized photorefractive polymers. Macromolecules, 2002, 35 (12): 4636-4645.

[29] Malliaras G G, Angerman H, Krasnikov V V, Ten Brinke G, Hadziioannou G. The influence of disorder on the space charge field formation in photorefractive polymers. J Phys D: Appl Phys, 1996, 29 (7): 2045-2048.

[30] Bässler H. Charge transport in disordered organic photoconductors a Monte Carlo simulation study. Phys Status Solidi B, 1993, 175: 15-56.

[31] Cui Y P, Swedek B, Cheng N, Zieba J, Prasad P N. Dynamics of photorefractive grating erasure in polymeric composites. J Appl Phys, 1999, 85 (1): 38-43.

[32] Zilker S J, Hofmann U. Organic photorefractive glass with infrared sensitivity and fast response. Appl Opt, 2000, 39 (14): 2287-2290.

[33] Goonesekera A, Ducharme S. Effect of dipolar molecules on carrier mobilities in photorefractive polymers. J Appl Phys, 1999, 85 (9): 6506-6514.

[34] Moylan C R, Wortmann R, Twieg R J, McComb I H. Improved characterization of chromophores for photorefractive applications. J Opt Soc Am B, 1998, 15 (2): 929-932.

[35] Moerner W E, Silence S M, Hache F, Bjorklund G C. Orientationally enhanced photorefractive effect in polymers. J Opt Soc Am B, 1994, 11 (2): 320-330.

[36] Wiederrecht G P. Photorefractive liquid crystals. Annu Rev Mater Res, 2001, 31: 139-169.

[37] Ostroverkhova O, He M, Twieg R J, Moerner W E. Role of temperature in controlling performance of photorefractive organic glasses. ChemPhysChem, 2003, 4 (7): 732-744.

[38] Bittner R, Däubler T K, Neher D, Meerholz K. Influence of glass-transition temperature and chromophore content on the steady-state performance of poly (N-vinylcarbazole) -based photorefractive polymers. Adv Mater, 1999, 11 (2): 123-127.

[39] Däubler T K, Bittner R, Meerholz K, Cimrová V, Neher D. Charge carrier photogeneration, trapping, and space-charge field formation in PVK-based photorefractive materials. Phys Rev B, 2000, 61 (20): 13515-13527.

[40] Bittner R, Brauchle C, Meerholz K. Influence of the glass-transition temperature and the chromophore content on the grating buildup dynamics of poly (N-vinylcarbazole) -based photorefractive polymers. Appl Opt, 1998, 37 (14): 2843-2851.

[41] Mecher E, Bittner R, Bräuchte C, Meerholz K. Optimization of the recording scheme for fast holographic response in photorefractive polymers. Synth Met, 1999, 102 (1-3): 993-996.

[42] Mecher E, Gallego-Gomez F, Tillmann H, Horhold H H, Hummelen J C, Meerholz K. Near-infrared sensitivity enhancement of photorefractive polymer composites by pre-illumination. Nature, 2002, 418 (6901): 959-964.

[43] Zilker S J. Holographic data storage-the materials challenge. ChemPhysChem, 2002, 3 (4): 333-334.

[44] Van Heerden P J. Theory of optical information storage in solids. Appl Opt, 1963, 2 (4): 393-400.

[45] Cheng N, Swedek B, Prasad P N. Thermal fixing of refractive index gratings in a photorefractive polymer. Appl Phys Lett, 1997, 71 (13): 1828-1830.

[46] Vacar D, Heeger A J, Volodin B, Kippelen B, Peyghambarian N. Compact, low power polymer-based optical correlator. Rev Sci Instrum, 1997, 68 (2): 1119-1121.

[47] Halvorson C, Kraabel B, Heeger A J, Volodin B L, Meerholz K, Sandalphon, Peyghambarian N. Optical computing by use of photorefractive polymers. Opt Lett, 1995, 20 (1): 76-78.

[48] 杨光, 张春平, 陈桂英, 杨秀芹, 田建国. 光学新事物滤波器及其应用. 激光与光电子学进展, 2007, 44 (11): 24-30.

[49] Tsutsumi N, Kinashi K, Sakai W, Nishide J, Kawabe Y, Sasabe H. Real-time three-dimensional holographic display using a monolithic organic compound dispersed film. Opt Mater Express, 2012, 2 (8): 1003-1010.

第4章

全息高分子/液晶复合材料

　　液晶是一种既具有晶体的各向异性，又具有液体的流动性的物质，由奥地利植物学家 Reinizer 与德国物理学家 Lehmann 于 1888 年共同发现[1]，因此 Reinizer 和 Lehmann 被誉为"液晶之父"。液晶被广泛应用于显示领域，其基础是液晶的电光响应行为[2,3]。由于液晶小分子在室温下的尺寸稳定性差，科学家们将液晶基元作为侧基接入高分子链，设计、合成了具有自支撑能力的侧链液晶高分子[4]。然而，由于受限于高分子链的束缚，侧链液晶高分子难以达到像液晶小分子那样的电场响应能力。因此，科学家们将液晶小分子与高分子复合，设计、制备了高分子分散液晶、高分子稳定液晶等高分子/液晶复合材料[5-8]。高分子/液晶复合材料可通过聚合诱导相分离原理来制备，具体过程是：将引发剂、单体和液晶均匀混合，然后引发单体聚合，导致生成的高分子与液晶发生相分离。在高分子/液晶复合材料中，高分子微区作为支撑载体，赋予材料一定的固体形状和力学性能，而液晶微区表现出电场响应行为，赋予高分子/液晶复合材料功能性。目前，高分子/液晶复合材料已应用于智能窗[9,10]、柔性显示器件[11]。1992 年，美国雪城大学 Sponsler 等采用相干光照射由光引发剂和液晶单体组成的溶液，在相干亮区引发液晶单体聚合生成液晶高分子，而相干暗区的液晶单体得以保留，形成富液晶高分子相与富液晶单体相周期性分布的光栅结构[12]。然而，由于液晶高分子与液晶单体的折射率差异较小，光栅的衍射效率较低，仅为 18%。1993 年，美国国际科学应用公司 Sutherland、Natarajan、Tondiglia 和赖特-帕特森空军基地 Bunning 等采用相干光照射由光引发剂、丙烯酸酯单体和液晶组成的均匀分散液，制备了富聚丙烯酸酯相和富液晶相周期性分布的全息光栅，其衍射效率约为 80%[13]。基于此，Bunning 等提出了全息高分子分散液晶的概念，开启了该领域的研究热潮[14]。

　　基于复合材料的结构特点，将全息高分子/液晶复合材料定义为通过光聚合诱导相分离原理制备的具有周期性有序结构的高分子/液晶复合材料。全息高分子/液晶复合材料集高分子的自支撑性和柔性、液晶对外场刺激的响应能力、周期性有序结构的衍射特性和信息存储能力于一体，已应用于彩色三维(3D)图像存储[15,16]、传感器[17,18]、电可调光栅[19,20]和电可调激光器[21,22]等领域。本章将从全息高分子/

液晶复合材料的成型原理、组成、性能参数、结构与性能调控、应用、发展展望
等六个方面进行介绍。

4.1 全息高分子/液晶复合材料的成型原理 ◂◂◂

　　如何高效调控光聚合诱导相分离是全息高分子/液晶复合材料制备的关键科
学问题[23]，图 4-1 给出了全息高分子/液晶复合材料成型原理示意图。首先将光引
发剂、单体和液晶的均匀混合液灌入液晶盒，然后将一束激光通过分光镜分成两
束频率相同、振动方向一致且相位差恒定的相干光，经过反射、扩束后，两束光
相互干涉并在液晶盒内形成明暗相间的干涉条纹。在相干亮区，光引发剂吸收
光子后产生活性中心，进而引发单体发生聚合反应，形成高分子网络，同时将
液晶挤压至相干暗区；相干暗区通常不发生光聚合反应。但相干亮区的光聚合反
应导致相干暗区的单体浓度高于相干亮区，因而单体会向相干亮区扩散并参与光
聚合反应。最终，在全息高分子/液晶复合材料中形成富高分子相和富液晶相周期
性分布的光栅结构。

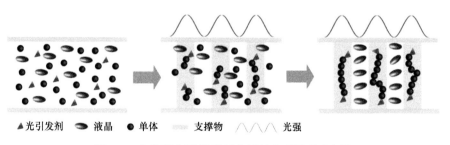

▲光引发剂　　🔵液晶　　●单体　　—支撑物　　∧∧∧光强

图 4-1　全息高分子/液晶复合材料成型原理示意图

　　全息高分子/液晶复合材料的成型过程受液晶扩散速率、液晶成核速率和体系
凝胶化速率的影响[24]。如图 4-2 所示，当液晶扩散速率大于液晶成核速率且体系
凝胶化过程比液晶成核慢时，才能形成相分离结构规整的全息光栅结构。当液晶
成核与体系凝胶化速率接近，且比液晶扩散慢时，液晶与高分子相分离并以微滴
形式分散在富液晶相。当液晶扩散比其成核及体系凝胶化过程慢时，液晶来不及
扩散就被聚合反应形成的高分子网络固定下来，导致相分离不完全，无法形成光
栅结构，此时液晶分子无规分散在高分子网络中。因此，液晶扩散与成核、体系
凝胶化、光聚合反应动力学、流变学行为、单体与液晶的相容性均对全息高分子/
液晶复合材料的结构和性能有重要影响。

扩散时间＜成核时间＜凝胶化时间

扩散时间＜成核时间≈凝胶化时间

扩散时间＞成核时间≈凝胶化时间

扩散时间＞成核时间＜凝胶化时间

图 4-2   液晶扩散、成核与体系凝胶化对全息高分子/液晶复合
材料相分离结构的影响示意图[24]

4.2   全息高分子/液晶复合材料的组成   ‹‹‹

制备全息高分子/液晶复合材料的原材料主要是光引发剂、单体和液晶，下面逐一进行介绍。

4.2.1   光引发剂

根据光化学第一定律，只有被化合物吸收的光才能引起光化学反应。光引发剂吸收光子后发生能级跃迁、电子/质子转移或共价键断裂等过程，生成活性物种，进而引发活性单体的聚合反应。光引发剂可分为 I 型光引发剂和 II 型光引发剂[25]。其中 I 型光引发剂为裂解型光引发剂，大多对紫外光敏感。II 型光引发剂为夺氢型光引发剂，由光敏剂和共引发剂组成。光敏剂在吸收光子后由基态转变为激发态，再与共引发剂发生电子、质子和能量转移，生成引发聚合反应的活性中心。

在全息高分子/液晶复合材料的制备过程中，首先应根据相干激光的波长选择与之匹配的光引发剂。对于波长＜440 nm 的光源，I 型光引发剂和 II 型光引发剂均可使用。当激光波长＞440 nm 时，感光范围较宽的 II 型光引发剂更为适用。II 型光引发剂的感光范围主要取决于光敏剂，理想的光敏剂在激光波长下具有高的摩尔消光系数、大的单线态-三线态跨越系数和长的三线态寿命。

4.2.2　单体

单体作为光聚合反应的主体，直接影响光聚合反应动力学与相应高分子的结构，进而影响全息高分子/液晶复合材料的全息特性与电光响应行为[14]。丙烯酸酯类单体聚合反应速率较快，有利于全息高分子/液晶复合材料的快速成型，因此最为常用。一些常用的丙烯酸酯类单体如图 4-3 所示。为了辅助固态光引发剂的溶解，有时在丙烯酸酯类单体中还加入一些极性较强的单体，如 N-乙烯基吡咯烷酮（NVP）或 N,N-二甲基丙烯酰胺（DMAA）。为了优化制备工艺、降低光聚合过程中的体积收缩，也会使用一些丙烯酸酯封端的齐聚物（oligomer，也称寡聚物、低聚物）。

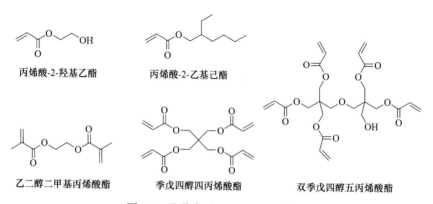

丙烯酸-2-羟基乙酯　　　丙烯酸-2-乙基己酯

乙二醇二甲基丙烯酸酯　　季戊四醇四丙烯酸酯　　双季戊四醇五丙烯酸酯

图 4-3　几种常用的丙烯酸酯类单体

与丙烯酸酯类单体的自由基链式聚合反应不同，基于自由基逐步聚合反应的硫醇-烯烃体系由于具有凝胶点单体转化率高、体积收缩率小以及对氧气不敏感等优点，引起了学术界和工业界的广泛关注[26,27]，并应用于制备全息高分子/液晶复合材料[28-31]。图 4-4 为几种常用的硫醇和烯丙基醚单体。

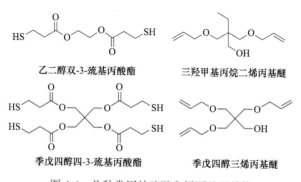

乙二醇双-3-巯基丙酸酯　　　三羟甲基丙烷二烯丙基醚

季戊四醇四-3-巯基丙酸酯　　季戊四醇三烯丙基醚

图 4-4　几种常用的硫醇和烯丙基醚单体

4.2.3　液晶

全息高分子/液晶复合材料中采用的液晶通常为向列相液晶[14]。向列相液晶的性能参数包括光学各向异性、介电各向异性、熔点、清亮点等。液晶的非寻常光折射率(n_e)是指光的偏振方向平行于液晶指向矢时的折射率，而寻常光折射率(n_o)是指光的偏振方向垂直于液晶指向矢时的折射率，两者的差值为双折射指数。双折射指数越大，液晶的光学各向异性越强。常用的向列相液晶有 4-氰基-4′-戊基联苯（5CB）、氰基联苯类液晶混合物 E7、P0616A 和 BL 系列液晶等，液晶混合物具有较宽的液晶相温度区间、较高的介电各向异性和光学各向异性以及较低的黏滞系数。以 P0616A 为例（表 4-1），其寻常光折射率 n_o（589 nm, 20 ℃）=1.52，非寻常光折射率 n_e（589 nm, 20 ℃）= 1.72。卤代液晶（如 TL 系列液晶）也被用于制备全息高分子/液晶复合材料。该类液晶具有良好的环境稳定性、高电阻率、高电压保持率和低驱动电压，但与丙烯酸酯类单体的相容性不如氰基联苯类液晶。液晶的相变温度是一个重要的物理参数，一般要求清亮点比室温高、熔点比室温低。例如：液晶 P0616A 的清亮点为 58 ℃，BL 系列液晶的清亮点为 70～90 ℃，TL 系列液晶的清亮点为 77～91 ℃[14]。

表 4-1　液晶混合物 P0616A 的组成

组分	结构式	含量/wt%	熔点/℃	清亮点/℃
5CB	NC—⬡—⬡—C_5H_{11}	56.5	23.0	37.2
7CB	NC—⬡—⬡—C_7H_{15}	25.1	28.5	42.0
8OCB	NC—⬡—⬡—OC_8H_{17}	11.4	54.5	75.0
5CT	NC—⬡—⬡—⬡—C_5H_{11}	7.0	129.8	238.5

4.3　全息高分子/液晶复合材料的性能参数

全息高分子/液晶复合材料的性能参数主要有衍射效率、驱动电压、响应时间和对比度等，其中衍射效率体现全息高分子/液晶复合材料的全息光学性能，而驱动电压、响应时间和对比度则体现全息高分子/液晶复合材料的电光响应能力。

4.3.1　衍射效率

一般地，衍射效率 η 定义为衍射光强 (I_d) 与衍射光强和透射光强 (I_t) 总和的比值[32]，反映了全息高分子/液晶复合材料的结构特性，可按式 (4-1) 和式 (4-2) 计算：

$$\eta = \frac{I_d}{I_d + I_t} \tag{4-1}$$

$$\eta = \sin^2\left[\frac{2f_{LC}(n_{LC} - n_P)\sin(\delta\pi)d}{\lambda_{reading}\cos\theta_B}\right] = \sin^2\left[\frac{\pi d n_1}{\lambda_{reading}\cos\theta_B}\right] \tag{4-2}$$

式中：f_{LC} 为富液晶相中液晶的体积分数；n_{LC} 和 n_P 分别为液晶和高分子的折射率；δ 为富液晶相宽度占光栅周期的比例；d 为全息光栅的厚度；$\lambda_{reading}$ 为探测激光的波长；θ_B 为光栅的布拉格角；n_1 为折射率调制度。

当光栅厚度一定且不发生过调制时，全息高分子/液晶复合材料的衍射效率与折射率调制度呈正相关性。相分离程度越高，折射率调制度越大，则全息光栅的衍射效率越高。需要注意的是，当富液晶相中液晶微滴的尺寸较大时，光散射损失对衍射效率的影响不可忽视。同时，由于液晶分子在全息高分子/液晶复合材料中存在取向，因此复合材料的衍射效率高度依赖于探测光的偏振方向。以探测光与光栅矢量作一个平面，振动方向在平面内的探测光称为 p 光，振动方向垂直于平面的探测光称为 s 光。

4.3.2　驱动电压

驱动电压是表征全息高分子/液晶复合材料电光响应性能的重要参数。以微观结构规整的全息高分子/液晶复合材料为例，其电光响应原理如图 4-5 所示。当未施加电场时，富液晶相中的液晶分子具有一定的取向（其指向矢与高分子基体对液晶分子的锚定方向有关），此时检测光从布拉格角方向照射全息高分子/液晶复合材料，液晶对入射光的折射率高于高分子基体，因此全息高分子/液晶复合材料具有较高的衍射效率。当施加一定的电场时，液晶分子沿电场方向排列。此时液晶对检测光的折射率为寻常光折射率，与高分子基体的折射率相近，因此全息高分子/液晶复合材料的衍射效率较低[33]。

驱动电压可分为阈值电压 (V_{th}) 和饱和电压 (V_{sat})，是表征全息高分子/液晶复合材料电光响应性能的关键参数。将衍射效率随外加电场强度的变化曲线进行归一化后，V_{th} 是指衍射效率下降到 90% 时所需的电压，而 V_{sat} 是衍射效率下降到 10% 所需的电压。

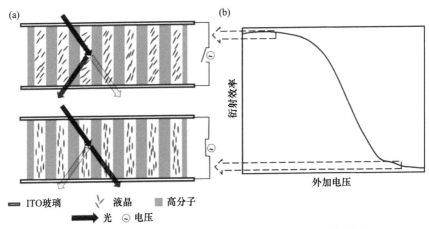

图 4-5　全息高分子/液晶复合材料的电光响应原理示意图[33]

阈值电压也称为临界驱动电压(E_c)，和液晶微滴的尺寸、形状以及富液晶相与富高分子相的低频电导率之比有关，计算公式如下：

$$E_c = \frac{1}{3b}\left(\frac{\sigma_{LC}}{\sigma_P}+2\right)\left[\frac{k_{33}(l^2-1)}{\Delta\varepsilon}\right]^{0.5} \tag{4-3}$$

式中：b 为液晶微滴半长轴的长度；l 为液晶微滴的长径比；σ_{LC} 和 σ_P 分别为富液晶相和富高分子相的低频电导率；k_{33} 和 $\Delta\varepsilon$ 分别为液晶的弯曲弹性力常数和介电各向异性常数。

对于相分离结构非常规整、无液晶微滴的全息高分子/液晶复合材料，其临界驱动电压采用式(4-4)计算[34]：

$$E_c = \left[\frac{4\pi^2 K}{\Lambda^2\varepsilon_0|\Delta\varepsilon|}+\frac{G}{\varepsilon_0|\Delta\varepsilon|}\right]^{0.5} \tag{4-4}$$

式中：K 为液晶的平均弹性力常数；Λ 为光栅周期；ε_0 为真空介电常数；$\Delta\varepsilon$ 为液晶的介电各向异性常数；G 为相互作用常数。

4.3.3　对比度

对比度(CR)也是表征全息高分子/液晶复合材料电光响应性能的重要参数。根据外加电场作用下衍射效率的最大值(η_{max})与最小值(η_{min})可计算出 CR[35]：

$$CR = 10\lg\left(\frac{\eta_{max}}{\eta_{min}}\right) \tag{4-5}$$

4.3.4　响应时间

全息高分子/液晶复合材料的响应时间是描述电光响应速率的参数，分为开启时间（τ_{on}）和弛豫时间（τ_{off}）。将衍射效率进行归一化后，衍射效率从 90%变为 10% 所需的时间为 τ_{on}，从 10%变为 90%所需的时间为 τ_{off}[36]。

τ_{on} 和 τ_{off} 按如下公式计算：

$$\tau_{on} = \frac{\gamma_1}{\Delta\varepsilon E_{appl}^2 + k_{33}(l^2-1)/b^2} \tag{4-6}$$

$$\tau_{off} = \frac{b^2\gamma_1}{k_{33}(l^2-1)} \tag{4-7}$$

式中：γ_1 为液晶的旋转黏滞系数；E_{appl} 为外加电场强度。对于给定的液晶，τ_{on} 主要取决于外加电场强度，外加电场强度越大，τ_{on} 越小。而 τ_{off} 主要取决于液晶微滴的半长轴长度 b、液晶微滴的长径比 l。b 越小、l 越大，τ_{off} 就越小。

4.4 全息高分子/液晶复合材料的结构与性能调控 ◄◄◄

4.4.1 光引发剂的影响

光引发剂直接影响光聚合反应动力学和凝胶化行为。在相同波长光的照射下，不同的光引发剂具有不同的摩尔消光系数和反应活性，因此对全息高分子/液晶复合材料的结构与性能产生不同的影响。

2006 年，Bunning 等以过氧化苯甲酰为共引发剂，比较了罗丹明 6G、Irgacure 784 和吡咯亚甲基 597 三种光敏剂（图 4-6）对全息高分子/液晶复合材料的影响[30]。从图 4-7 可以看出，当采用 532 nm 激光进行全息记录时，含罗丹明 6G 光敏剂的体系衍射效率超过 70%，且适用于高光强下的全息记录（~3000 mW/cm²）。相比之下，以 Irgacure 784 和吡咯亚甲基 597 为光敏剂时，全息记录光强不宜超过 500 mW/cm²，制得的全息光栅衍射效率低于 60%。

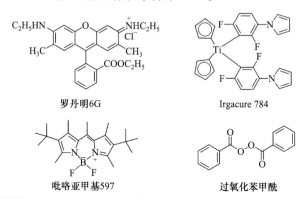

图 4-6 罗丹明 6G、Irgacure 784、吡咯亚甲基 597 和过氧化苯甲酰的化学结构式[30]

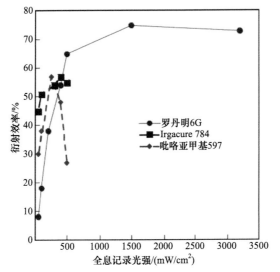

图 4-7　改变光敏剂种类时全息高分子/液晶复合材料的衍射效率与记录光强的关系[30]

　　在Ⅱ型光引发剂中,光敏剂经光化学反应后生成具有稳定电子离域结构和较大空间位阻的阻聚自由基,如羰基自由基(图 4-8)。一般地,羰基自由基的阻聚作用导致光聚合速率降低,被认为是不利于光聚合反应的[37]。因此,人们采用碘鎓盐、含溴化合物或三嗪化合物将羰基自由基转换为其他具有引发功能的自由基,以提高反应速率和单体转化率[38]。

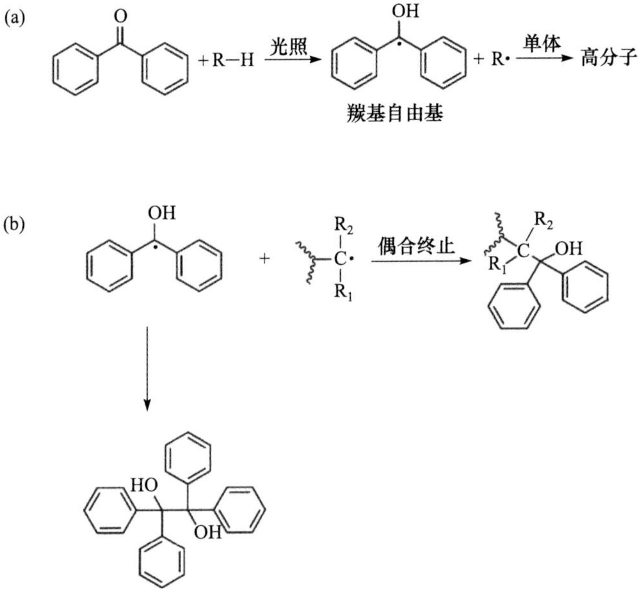

图 4-8　二苯甲酮与供氢体构成的Ⅱ型光引发剂可能的引发机理(a)与阻聚机理(b)

2014 年，华中科技大学解孝林团队提出了"光引发阻聚剂"（photoinitibitor）概念[15]，巧妙利用Ⅱ型光引发剂中羰基自由基的阻聚作用调控了光聚合反应动力学和凝胶化行为，有效地促进了全息高分子/液晶复合材料的相分离。如图 4-9 所示，典型的光引发阻聚剂由 3,3′-羰基双(7-二乙胺香豆素)(KCD)和 *N*-苯基甘氨酸(NPG)组成。其中，KCD 吸收可见光后，由基态(S_0)进入单线态激发态(S_1^*)，然后通过系间窜越(ISC)进入三线态激发态(T_1^*)，再与 NPG 发生电子转移、质子转移和脱羧反应，同时生成两种完全不同的自由基：一种是具有引发聚合作用的苯胺甲基自由基，另一种是具有阻聚作用的羰基自由基。

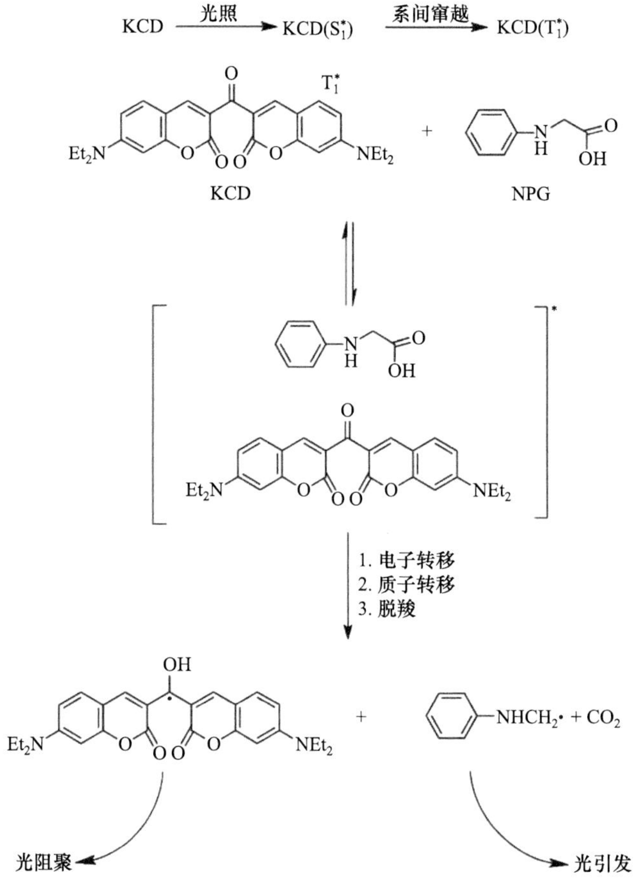

图 4-9　光引发阻聚剂的光引发与光阻聚机理[15]

羰基自由基的阻聚作用显著延迟了光聚合凝胶化时间，扩大了相干亮区与相干暗区之间的凝胶化时间差异，从而提高了全息高分子/液晶复合材料的相分离程度和衍射效率。当 KCD 的含量从 0.2 wt%增加至 0.6 wt%时，复合体系的最大光聚合反应速率从 0.0083 s^{-1} 降低至 0.0048 s^{-1}(图 4-10)，凝胶化时间从 43 s 增加至 316 s

（图4-11）。复合体系的凝胶化时间随光强的升高以一阶指数的形式缩短（图4-12），因此结合激光干涉图案的光强分布曲线，可推导出全息光聚合过程中体系的凝胶化时间分布曲线（图 4-13）。将全息高分子/液晶复合材料中的液晶采用正己烷浸出，然后用场发射扫描电镜（FE-SEM）表征相分离结构（图4-14）。结果表明，光引发阻聚剂在延迟体系凝胶化时间的同时扩大了相干亮区和相干暗区之间的凝胶化时间差异，从而有效促进了相分离。当KCD含量增加到0.6 wt%时，全息高分子/液晶复合材料相分离结构显著改善，形成了规整的光栅结构。

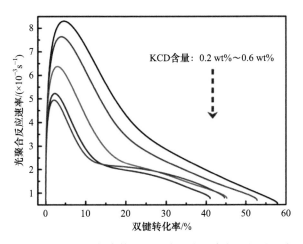

图4-10   KCD含量不同时复合体系光聚合反应速率与双键转化率的关系[15]

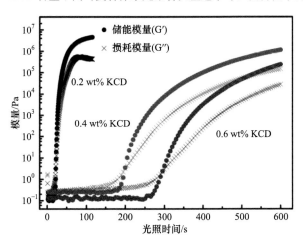

图4-11   不同KCD含量下复合体系储能模量和损耗模量随光照时间的变化曲线[15]

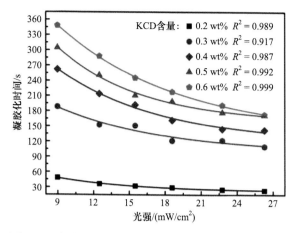

图 4-12 复合体系凝胶化时间与光强的一阶指数关系[15]

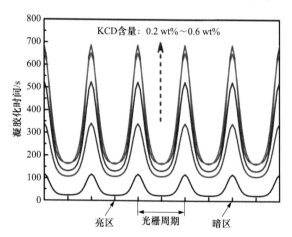

图 4-13 不同 KCD 含量时体系的凝胶化时间分布曲线[15]

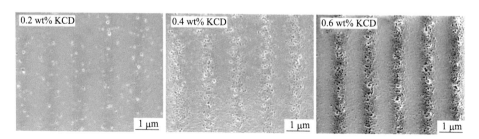

图 4-14 不同 KCD 含量下全息高分子/液晶复合材料的场发射扫描电镜照片[15]

当 KCD 含量较低时，样品厚度的影响可忽略，因此光聚合反应速率可描述为[34]

$$R_p = k_p(1-\alpha)\left(\frac{2.3\varepsilon[KCD]I_0\psi}{k_t}\frac{\lambda}{N_Ahc}\right)^{1/2} \tag{4-8}$$

若考虑样品厚度的影响，光聚合反应速率则为[34]

$$R_p = 2k_p(1-\alpha)\left(\frac{\psi I_0}{2.3\varepsilon[KCD]k_t}\frac{\lambda}{N_Ahc}\right)^{1/2}\left(\frac{1-\exp(-2.3\varepsilon[KCD]d/2)}{d}\right) \tag{4-9}$$

式中：k_p 和 k_t 分别为链增长速率常数和链终止速率常数；α为双键转化率；ε 和 [KCD]分别为 KCD 的摩尔消光系数和浓度；I_0 为辐照光强；ψ 为光引发效率；λ 为光源的波长；N_A 为阿伏伽德罗常量；h 为普朗克常量；c 为光速；d 为样品厚度。

图 4-15 给出了复合体系在双键转化率较低(5%)时光聚合反应速率与 KCD 浓度的关系。可以看出：KCD 浓度低于 1.4×10^{-3} mol/L 时，光聚合反应速率随 KCD 浓度的增加而快速增加，且与 KCD 浓度的 1/2 次方成正比，与式(4-8)非常吻合；当 KCD 浓度高于 1.4×10^{-3} mol/L 时，随着 KCD 浓度的增加，复合体系的光聚合反应速率呈降低的趋势。此时样品厚度对体系光聚合反应速率的影响不可忽略，光聚合反应速率与 KCD 含量的关系与式(4-9)相吻合。

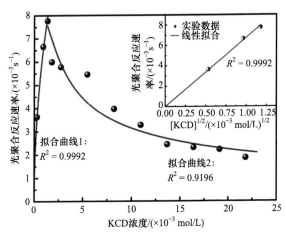

图 4-15   双键转化率为 5%时复合体系光聚合反应速率与 KCD 浓度的关系[34]

采用 Flory-Stockmayer 凝胶化理论对凝胶点转化率和凝胶化时间进行了理论分析。结果表明，羰基自由基与大分子自由基的双基偶合终止导致了大分子自由基的失活，从而降低了高分子的分子量。这是光引发阻聚剂降低复合体系光聚合速率、延迟凝胶化时间的主要原因[图 4-16(a)]。该机理也得到了理论计算和实验光谱的证实[39]：KCD 的最大吸收峰在 460 nm 处，而羰基自由基与大分子自由基完成双基偶合后的最大吸收峰蓝移到 397 nm,与理论计算结果相匹配[图 4-16(b)]。此外,该机理也得到了凝胶渗透色谱(GPC)测定结果的验证,与常规光引发剂相比,光引发阻聚剂的确降低了高分子的分子量。

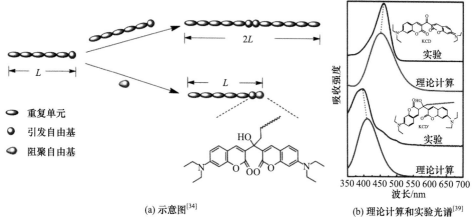

(a) 示意图[34]　　　　　　　　　(b) 理论计算和实验光谱[39]

图 4-16　光引发阻聚剂的"双基偶合终止"阻聚机理

光引发阻聚剂概念的提出,为调控全息高分子复合材料的相分离过程提供了一种简单、高效、经济的新策略。此外,解孝林团队在玫瑰红(rose Bengal, RB)/NPG体系中也发现了光引发/光阻聚现象及其对全息高分子/液晶复合材料的调控作用,从而将光引发阻聚剂概念从蓝光波段拓展到了绿光波段[16]。

4.4.2　单体的影响

1. 单体种类的影响

在全息高分子/液晶复合材料中,丙烯酸酯类单体是应用最早、最广泛的单体。1993 年,Sutherland 等利用双季戊四醇五丙烯酸酯制备了衍射效率约为 80% 的全息光栅[13]。迄今为止,多数全息高分子/液晶复合材料仍采用丙烯酸酯类单体,主要是因为丙烯酸酯类单体不仅聚合反应速率快,而且价格低廉、种类丰富。通过不同类型丙烯酸酯类单体的复配,可以有效调控全息高分子/液晶复合材料的结构与性能。

含氟丙烯酸酯类单体及对应的高分子通常具有较低的表面能,有利于促进单体/高分子与液晶的相分离。Bunning 等比较了丙烯酸六氟异丙酯(HFIPA)、2,2,2-三氟乙基丙烯酸酯(TFEA)及丙烯酸甲酯(MA)对全息高分子/液晶复合材料的影响[40]。结果表明:含氟分子 HFIPA 和 TFEA 主要集中在富液晶相和富高分子相的界面,从而降低了高分子对液晶的锚定能,并诱导液晶分子定向排列。含氟单体的加入导致富液晶相中液晶微滴的尺寸增大以及体系相分离程度提高,最终降低了光栅的驱动电压和响应时间。与之不同，MA 的引入反而会增加驱动电压和响应时间。中国科学院长春光学精密机械与物理研究所宣丽等研究了甲基丙烯酸十二氟庚酯对全息高分子/液晶复合材料的影响[41]，也证明含丙烯酸酯类单体可以促进复合体系的相分离，并通过降低高分子的表面能降低了高分子对液晶分子的锚定作用。当甲基丙烯酸十二氟庚酯含量为 2 wt%时，富高分子相与富液晶相的界面光滑、清晰，复合材料的衍射效率高达 90%。韩国釜山国立大学 Kim 等也证明了含氟丙烯酸酯类单体可以降低高分子与液晶的相容性，进而促进相分离，并提高光栅衍射效率[42]。但是，当含氟丙烯酸酯类单体过多时，难以形成全息光栅。

美国先进测量光束工程公司(Beam Engineering for Advanced Measurements Company) De Sio 等采用具有液晶性的丙烯酸酯单体，制备了由富液晶高分子相和富液晶小分子相周期排列而成的全息光栅[43]。他们进一步使用取向层使液晶高分子和液晶小分子沿光栅条纹方向取向。在常温、无外加电压的条件下，富液晶高分子相与富液晶小分子相的折射率相近，因此全息光栅几乎没有光衍射功能。当施加一定强度的外加电场时，液晶小分子沿电场方向取向，而液晶高分子仍沿光栅条纹方向取向，导致富液晶高分子相与富液晶小分子相之间产生折射率差异，全息光栅的衍射效率达到 90%(图 4-17)。此类光栅的电光响应速率较快，其开启时间和弛豫时间均为 1 ms。由于液晶还具有温度响应特性，改变温度也可调控全息光栅的衍射特征。如图 4-18 所示，全息光栅在室温 25 ℃下几乎不可见，升温至 44 ℃时，则可观察到具有较高衍射效率的全息光栅。

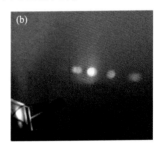

图 4-17   (a)无外加电场时的衍射图案；(b)外加电场为 5 V/μm 时的衍射图案[43]

图 4-18   (a)25 ℃时全息光栅的照片；(b)44 ℃时全息光栅的照片[43]

多数丙烯酸酯类单体难以完全溶解固态的光引发剂。与之不同，N-乙烯基吡咯烷酮（NVP）具有较高的极性，有助于溶解固态的光引发剂。但 NVP 也会影响全息高分子/液晶复合材料的相分离结构。例如，加入 NVP 可降低液晶微滴的尺寸，进而提高全息高分子/液晶复合材料的衍射效率[44]。采用 N,N-二甲基丙烯酰胺（DMAA）也可较好地溶解光引发剂。解孝林团队研究了 DMAA 对全息高分子/液晶复合材料结构与性能的影响[45]。DMAA 的光聚合反应活性低于常见的丙烯酸酯，因此采用 DMAA 逐渐替换丙烯酸-2-乙基己酯时（DMAA 含量从 0 wt%增加至 44.7 wt%），复合体系的光聚合反应速率从 5.3×10^{-3} s^{-1} 降至 3.6×10^{-3} s^{-1} （图 4-19），凝胶化时间从 44 s 延长至 111 s（图 4-20），但复合材料的衍射效率逐渐上升（图 4-21）。当 DMAA 含量为 44.7 wt%时，衍射效率可达 98%。微观形貌表征显示，当不含 DMAA

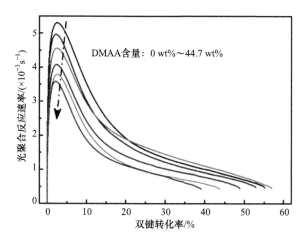

图 4-19　不同 DMAA 含量时复合体系光聚合反应速率与双键转化率的关系[45]

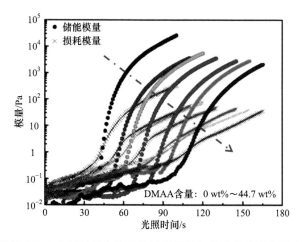

图 4-20　不同 DMAA 含量时复合体系的储能模量和损耗模量随光照时间的变化[45]

时，全息高分子/液晶复合材料的周期性结构仅隐约可见。增加 DMAA 含量至 14.9 wt%时，周期性光栅结构清晰可辨，富液晶相的孔洞状结构说明液晶形成了尺寸较大的液晶微滴。继续增加 DMAA 的含量，液晶微滴尺寸减小，最终形成规整的一维光子晶体结构(图 4-22)。

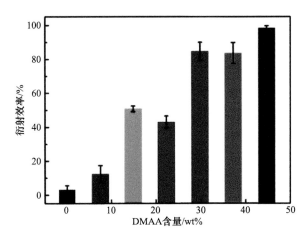

图 4-21   全息高分子/液晶复合材料的衍射效率与 DMAA 含量的关系[45]

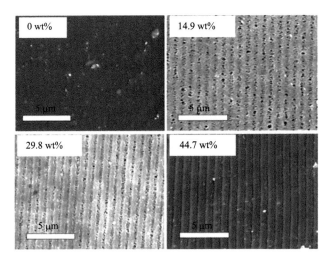

图 4-22   不同 DMAA 含量时全息高分子/液晶复合材料的场发射扫描电镜照片[45]

Natarajan 等系统地研究了基于硫醇-烯烃点击聚合反应的全息高分子/液晶复合材料[28-31]。硫醇-烯烃聚合反应通过逐步聚合完成，耐水耐氧、凝胶点单体转化率高、光聚合体积收缩小，是制备高性能全息高分子/液晶复合材料的有益选择。但在硫醇-烯烃逐步聚合反应中，链转移反应产生的硫自由基可能会从相干亮区扩散到相干暗区，进而在相干暗区引发聚合反应，不利于光栅结构的规整化。基于硫醇-烯烃点击反应的全息高分子/液晶复合材料虽然具有较高的相分离程度，但富液晶相中的液晶微滴尺寸较大，易造成严重的光散射，也不利于衍射效率的提升[30]。截至目前，基于硫醇-烯烃反应的全息高分子/液晶复合材料还难以获得非常规整的相分离结构。因此，需要发展可以抑制硫自由基扩散的硫醇-烯烃单体体系，从而优化全息高分子/液晶复合材料的相分离结构与性能。

2. 单体平均官能度的影响

美国南密西西比大学 Crawford 等研究了单体平均官能度对全息高分子/液晶复合材料结构及性能的影响[46]。采用的单体为丙烯酸 2-乙基己酯、三羟甲基丙烷三丙烯酸酯和聚氨酯丙烯酸酯齐聚物，液晶为向列相液晶 TL203。图 4-23 给出了复合体系光聚合反应速率随双键转化率的变化曲线。当混合单体的平均官能度从 1.3 升高到 1.5 时，自由基的双基终止反应减弱，因此光聚合反应速率和双键转化率升高，使全息光栅的衍射效率逐渐升高并达到 85%（图 4-24）。进一步增加单体平均官能度时，高黏度的多官能度单体含量增加，致使体系黏度上升，阻碍了单体和液晶的扩散，导致体系光聚合反应速率、双键转化率和全息光栅衍射效率下降。韩国国立釜山大学 Park 和 Kim 等的研究同样发现单体平均官能度存在最优值，单体平均官能度过小或过大都难以获得高衍射效率的全息光栅[47]。

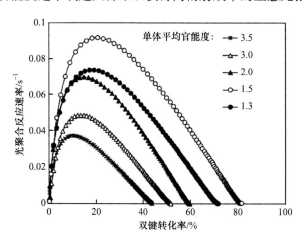

图 4-23　丙烯酸 2-乙基己酯、三羟甲基丙烷三丙烯酸酯及聚氨酯丙烯酸酯齐聚物作为单体时体系光聚合反应速率与双键转化率的关系[46]

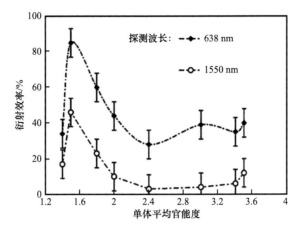

图 4-24   丙烯酸 2-乙基己酯、三羟甲基丙烷三丙烯酸酯及聚氨酯丙烯酸酯齐聚物
作为单体时全息光栅的衍射效率与单体平均官能度的关系[46]

需要注意的是，单体平均官能度对全息高分子/液晶复合材料的影响也依赖于单体结构。多官能度单体通常分子量较大，黏度较高，会增加复合体系的初始黏度，进而影响液晶与单体的扩散和相分离[48]。超支化聚酯单体含有支化结构，虽具有较高的官能度，但黏度反而较低。同时，超支化拓扑结构降低了链缠结，为液晶分子的扩散提供更多的自由体积，可促进相分离。解孝林团队将含有 8 个丙烯酸酯双键的商品化超支化聚酯丙烯酸酯单体用于全息高分子/液晶复合材料中，获得了相分离结构规整的全息光栅[49]。混合单体由丙烯酸 2-乙基己酯和商品化超支化聚酯丙烯酸酯单体组成，随着单体平均官能度的增加，光聚合反应速率和双键转化率呈下降趋势(图 4-25)。当单体平均官能度为从 1.5 增加到 4.4 时，全息光

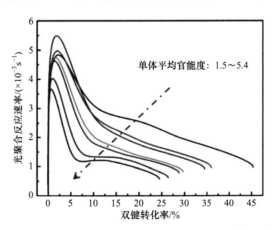

图 4-25   丙烯酸 2-乙基己酯和商品化超支化聚酯丙烯酸酯作为
单体时体系光聚合反应速率与双键转化率的关系[49]

栅的衍射效率从 0 升高到 94%；继续提高单体的平均官能度，全息光栅的衍射效率基本保持不变(图 4-26)。场发射扫描电镜表征结果显示，随着单体平均官能度的增加，全息光栅的相分离结构变得更加规整(图 4-27)。美国得克萨斯大学 Ramsey 和 Sharma 等的研究也发现了类似规律[50]，当丙烯酸酯齐聚物和季戊四醇四丙烯酸酯混合单体的平均官能度从 0 增加到 3.0 时，全息光栅的衍射效率从 0 增加至 32%。此后，继续增加单体平均官能度至 4.0 时，衍射效率基本保持不变。

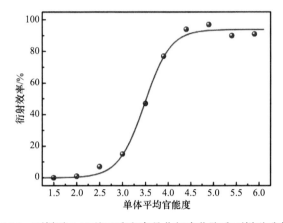

图 4-26　丙烯酸 2-乙基己酯和商品化超支化聚酯丙烯酸酯作为
单体时全息光栅的衍射效率与单体平均官能度的关系[49]

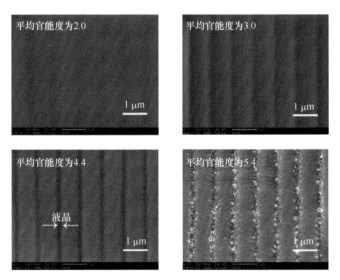

图 4-27　丙烯酸 2-乙基己酯和商品化超支化聚酯丙烯酸酯作为
单体时全息光栅的场发射扫描电镜照片[49]

4.4.3 液晶的影响

液晶的组成对全息高分子/液晶复合材料的结构及性能具有显著影响。解孝林团队合成了小分子液晶 4-氰基-4′-丁氧基联苯(4OCB),并将其与 P0616A 复配,降低了全息高分子/液晶复合材料的驱动电压[51]。如图 4-28(a)所示,加入 4OCB 对全息光栅的衍射效率影响不大,衍射效率均保持在 90%以上。然而,4OCB 含量从 0 增加至 11 wt%时,全息光栅的阈值电压和饱和电压先降低后升高[图 4-28(b)]。当 4OCB 的含量为 5 wt%时,阈值电压和饱和电压均达到最低值,分别为(2.3 ± 0.9) V/μm 和(5.1 ± 0.7) V/μm。这是由于 4OCB 在含量为 5 wt%时,全息高分子/液晶复合材料富液晶相中形成了较大的液晶微滴(图 4-29)。

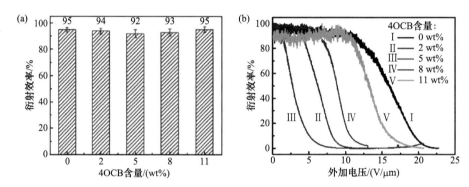

图 4-28　不同 4OCB 含量下全息高分子/液晶复合材料的
衍射效率(a)及电光响应行为(b)[51]

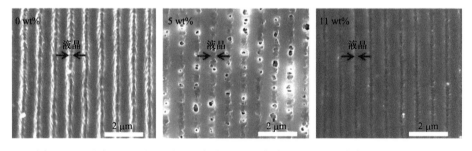

图 4-29　不同 4OCB 含量时全息高分子/液晶复合材料的场发射扫描电镜照片[51]

美国阿克伦大学 Meng 等研究了液晶含量的影响[52]。当液晶含量低于 5 wt%时,光聚合反应后的体系依然处于均相;当液晶含量达到 35 wt%时,光聚合反应导致相分离,单体与液晶的相分离行为依赖于液晶成核与液晶微滴增长的热力学;当液晶含量达到 50 wt%时,旋节线分解成为相分离的主要原因。液晶含量为 35 wt%时,全息高分子/液晶复合材料的衍射效率最高。

液晶所处温度区间对全息高分子/液晶复合材料的结构及性能也有较大影响。

意大利卡拉布里亚大学 Umeton、De Sio 等将复合体系加热至液晶清亮点以上进行全息记录，制得了结构规整的全息高分子/液晶复合材料[53]。将液晶加热至清亮点，抑制了全息记录过程中向列相液晶微滴的形成，有利于相分离结构的规整化。图 4-30（a）给出了在高于液晶清亮点的温度下制得的全息光栅微观结构及其电光响应曲线，与在低于液晶清亮点的温度下制得的全息光栅相比[图 4-30（b）]，该类全息光栅结构规整且光散射损失很小，总透过率接近于 1。

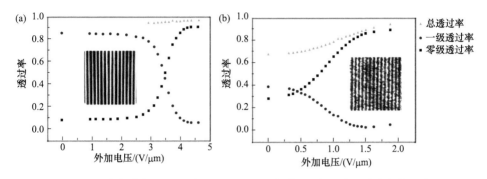

图 4-30　透过率与外加电压的关系：（a）、（b）分别为在高于液晶清亮点的温度下和在低于液晶清亮点的温度下制备的全息高分子/液晶复合材料[53]

4.5　全息高分子/液晶复合材料的应用　◀◀◀

4.5.1　三维图像存储

解孝林团队以全息高分子/液晶复合材料为介质，实现了彩色三维（3D）图像存储[16]。首先制备全息母版，将相干激光分成两束同源相干光，分别作为参考光与物光，前者经反射、扩束后直接照射全息记录材料，后者经反射、扩束后先照射被记录物体，再反射到全息记录介质。两束光在全息记录介质处汇聚并相干，从而记录下物体的 3D 图像[图 4-31（a）]。由于全息母版中存储的物像离母版表面较远，白光再现时存在显著的色散效应，导致多个波长的再现图像相互交叠而模糊不清，因此在自然光下无法观察到 3D 图像。通过如图 4-31（b）所示的光路将存储在母版中的全息图转移到全息高分子/液晶复合材料中，可使物像正好处在全息高分子/液晶复合材料平面内，进而消除色散导致的图像模糊，在日常光源（如日光、荧光灯、白炽灯等）下即可裸眼观察。图 4-32 给出了基于全息高分子/液晶复合材料存储的北京天坛祈年殿 3D 图像，再现的 3D 图像清晰且具有斑斓的色彩[15]。改变观察角度时，祈年殿的图像"旋转"，呈现出动态 3D 的视觉效果。具有优异视觉效果的全息图在高端防伪和立体广告显示领域具有潜在的应用价值。

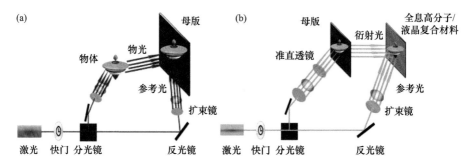

图 4-31　全息高分子/液晶复合材料存储 3D 图像的光路示意图[16]

(a)母版制备；(b)全息图转移

图 4-32　基于全息高分子/液晶复合材料存储的北京天坛祈年殿的 3D 图像[15]

4.5.2　传感器

宾夕法尼亚大学 Huang 等制备了基于全息高分子/液晶复合材料的湿度传感器(图 4-33)[17]。该全息高分子/液晶复合材料的原料中含有丙酮。在材料成型后，除去其中的丙酮，从而在相干暗区留下纳米孔洞。纳米孔洞在吸附水蒸气前后的

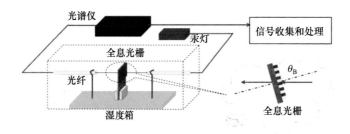

图 4-33　基于全息高分子/液晶复合材料的湿度传感器装置示意图[17]

折射率不同，使全息光栅对从布拉格角(θ_B)入射的可见光透过率不同。当相对湿度从 40% 增加至 95% 时，475 nm 处的相对透光率从 6% 增加到 47%，702 nm 处的相对透光率从 4% 增加到 64%（图 4-34）。同样的全息光栅还可用作生物传感器[18]。

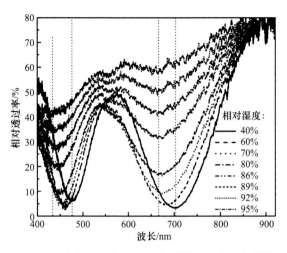

图 4-34　全息光栅在不同湿度下的相对透过光谱[17]

4.5.3　电可调光栅

　　基于全息高分子/液晶复合材料的全息光栅是电可调光栅，其原理是通过外加电场改变液晶分子的取向，进而调控全息光栅的衍射效率（图 4-35）。图 4-35 为美国 DigiLens 公司展示的基于全息高分子/液晶复合材料的电可调光栅[19]。由图可知：当施加电压时，光栅的衍射效率较低，从布拉格角入射的光直接透过光栅；移除电压后，全息光栅的衍射效率迅速升高，使从布拉格角入射的光发生衍射而偏转。这种电可调光栅在全息波导显示（holographic waveguide display）中具有广阔的应用前景[20]。

图 4-35　基于全息高分子/液晶复合材料的电可调
光栅：（a）施加电压时光透过；（b）移除电压时光衍射[19]

4.5.4 电可调激光器

全息高分子/液晶复合材料可作为分布反馈式激光器的谐振腔[21,22]。将染料分子加入全息高分子/液晶复合材料中，染料分子在泵浦光(pump light)照射下发光，当发出光的波长满足布拉格条件时，光波经过谐振腔共振放大，形成激光(图 4-36)。因为液晶分子具备电光响应能力，所以激光的发射波长、功率和激发阈值可通过外加电场来调节。例如，中国科学院长春光学精密机械与物理研究所宣丽等报道了一种电可调激光器，当外加电压从 0 逐步增大至 16.7 V/μm 时，激光的主要发射波长从 625.1 nm 逐渐红移至 633.1 nm[54]。

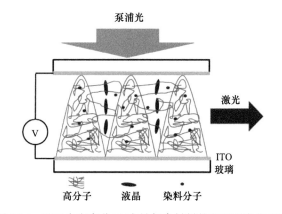

图 4-36　基于全息高分子/液晶复合材料的电可调激光器[54]

4.6　全息高分子/液晶复合材料的发展展望　<<<

全息高分子/液晶复合材料作为最早研究的全息高分子复合材料之一，在高端防伪、3D 广告显示、传感器、电可调光栅、电可调激光器等领域的应用引人关注。为了推动全息高分子/液晶复合材料的工业规模性应用，亟须开展如下几个方面的研究、开发工作：①在保持全息光学性能(如高衍射效率、低光散损失)的同时，提升全息高分子/液晶复合材料的电光响应性能。②全息高分子/液晶复合材料的大尺寸制备成型和连续化生产依然受限。发展全息高分子/液晶复合材料直接印刷/打印成型的新工艺，实现大尺寸制备和连续化生产，对于推进其工业应用具有重要意义。③以全息高分子/液晶复合材料为基础，结合可图案化的新型功能材料，构建多功能、多图像的智能响应材料，也是未来的重要发展方向。

参 考 文 献

[1] Reinitzer F. Beiträge zur kenntniss des cholesterins. Monatshefte für Chemie, 1888, 9: 421-441.

[2] Williams R. Domains in liquid crystals. J Chem Phys, 1963, 39（2）: 384-388.

[3] Heilmeier G H, Zanoni L A, Barton L A. Dynamic scattering: A new electrooptic effect in certain classes of nematic liquid crystals. Proc IEEE, 1968, 56（7）: 1162-1171.

[4] Wang X J, Zhou Q F. Liquid crystalline polymers. Singapore: World Scientific Publishing Co Pte Ltd, 2004.

[5] Doane J W, Vaz N A, Wu B G, Žumer S. Field controlled light scattering from nematic microdroplets. Appl Phys Lett, 1986, 48（4）: 269-271.

[6] Higgins D A. Probing the mesoscopic chemical and physical properties of polymer-dispersed liquid crystals. Adv Mater, 2000, 12（4）: 251-264.

[7] Dierking I. Relationship between the electro-optic performance of polymer-stabilized liquid-crystal devices and the fractal dimension of their network morphology. Adv Mater, 2003, 15（2）: 152-156.

[8] Mucha M. Polymer as an important component of blends and composites with liquid crystals. Prog Polym Sci, 2003, 28（5）: 837-873.

[9] Cupelli D, Nicoletta F P, Manfredi S, Vivacqua M, Formoso P, De Filpo G, Chidichimo G. Self-adjusting smart windows based on polymer-dispersed liquid crystals. Sol Energy Mater Sol Cells, 2009, 93（11）: 2008-2012.

[10] Kim M, Park K J, Seok S, Ok J M, Jung H T, Choe J, Kim D H. Fabrication of microcapsules for dye-doped polymer-dispersed liquid crystal-based smart windows. ACS Appl Mater Interfaces, 2015, 7（32）: 17904-17909.

[11] Mach P, Rodriguez S J, Nortrup R, Wiltzius P, Rogers J A. Monolithically integrated, flexible display of polymer-dispersed liquid crystal driven by rubber-stamped organic thin-film transistors. Appl Phys Lett, 2001, 78（23）: 3592-3594.

[12] Zhang J, Sponsler M B. Switchable liquid crystalline photopolymer media for holography. J Am Chem Soc, 1992, 114（4）: 1506-1507.

[13] Sutherland R L, Natarajan L V, Tondiglia V P, Bunning T J. Bragg gratings in an acrylate polymer consisting of periodic polymer-dispersed liquid-crystal planes. Chem Mater, 1993, 5（10）: 1533-1538.

[14] Bunning T J, Natarajan L V, Tondiglia V P, Sutherland R L. Holographic polymer-dispersed liquid crystals （H-PDLCs）. Annu Rev Mater Sci, 2000, 30: 83-115.

[15] Peng H Y, Bi S G, Ni M L, Xie X L, Liao Y G, Zhou X P, Xue Z G, Zhu J T, Wei Y, Bowman C N, Mai Y W. Monochromatic visible light "photoinitibitor": Janus-faced initiation and inhibition for storage of colored 3D images. J Am Chem Soc, 2014, 136（25）: 8855-8858.

[16] Chen G N, Ni M L, Peng H Y, Huang F H, Liao Y G, Wang M K, Zhu J T, Roy V A L, Xie X L. Photoinitiation and inhibition under monochromatic green light for storage of colored 3D images in holographic polymer-dispersed liquid crystals. ACS Appl Mater Interfaces, 2017, 9（2）: 1810-1819.

[17] Shi J J, Hsiao V K S, Huang T J. Nanoporous polymeric transmission gratings for high-speed humidity sensing. Nanotechnology, 2007, 18（46）: 465501.

[18] Hsiao V K S, Waldeisen J R, Zheng Y B, Lloyd P F, Bunning T J, Huang T J. Aminopropyltriethoxysilane （APTES）-functionalized nanoporous polymeric gratings: Fabrication and application in biosensing. J Mater

Chem, 2007, 17(46): 4896-4901.

[19] Domash L H, Crawford G P, Ashmead A C, Smith R T, Popovich M M, Storey J. Holographic PDLC for photonic applications. Proc SPIE, 2000, 4107: 46-58.

[20] Diao Z H, Kong L S, Yan J L, Guo J D, Liu X F, Xuan L, Yu L. Electrically tunable holographic waveguide display based on holographic polymer dispersed liquid crystal grating. Chin Opt Lett, 2019, 17 (1): 012301.

[21] Huang W B, Chen L S, Xuan L. Efficient laser emission from organic semiconductor activated holographic polymer dispersed liquid crystal transmission gratings. RSC Adv, 2014, 4 (73): 38606-38613.

[22] Liu L J, Xuan L, Zhang G Y, Liu M H, Hu L F, Liu Y G, Ma J. Enhancement of pump efficiency for an organic distributed feedback laser based on a holographic polymer dispersed liquid crystal as an external light feedback layer. J Mater Chem C, 2015, 3 (21): 5566-5572.

[23] 彭海炎. 全息光聚合物的光聚合反应、结构与性能. 武汉：华中科技大学, 2014.

[24] Bunning T J, Natarajan L V, Tondiglia V P, Sutherland R L, Haaga R, Adams W W. Effects of eliminating the chain extender and varying the grating periodicity on the morphology of holographically written Bragg gratings. Proc SPIE, 1996, 2651: 44-55.

[25] 聂俊. 光聚合技术与应用. 北京：化学工业出版社, 2009.

[26] Hoyle C E, Bowman C N. Thiol-ene click chemistry. Angew Chem Int Ed, 2010, 49 (9): 1540-1573.

[27] Peng H Y, Nair D P, Kowalski B A, Xi W X, Gong T, Wang C, Cole M, Cramer N B, Xie X L, McLeod R R, Bowman C N. High performance graded rainbow holograms via two-stage sequential orthogonal thiol-click chemistry. Macromolecules, 2014, 47 (7): 2306-2315.

[28] White T J, Natarajan L V, Tondiglia V P, Lloyd P F, Bunning T J, Guymon C A. Monomer functionality effects in the formation of thiol-ene holographic polymer dispersed liquid crystals. Macromolecules, 2007, 40 (4): 1121-1127.

[29] White T J, Natarajan L V, Tondiglia V P, Lloyd P F, Bunning T J, Guymon C A. Holographic polymer dispersed liquid crystals (HPDLCs) containing triallyl isocyanurate monomer. Polymer, 2007, 48 (20): 5979-5987.

[30] Natarajan L V, Brown D P, Wofford J M, Tondiglia V P, Sutherland R L, Lloyd P F, Bunning T J. Holographic polymer dispersed liquid crystal reflection gratings formed by visible light initiated thiol-ene photopolymerization. Polymer, 2006, 47 (12): 4411-4420.

[31] Natarajan L V, Shepherd C K, Brandelik D M, Sutherland R L, Chandra S, Tondiglia V P, Tomlin D, Bunning T J. Switchable holographic polymer-dispersed liquid crystal reflection gratings based on thiol-ene photopolymerization. Chem Mater, 2003, 15 (12): 2477-2484.

[32] Sanchez C, Escuti M J, Van Heesch C, Bastiaansen C W M, Broer D J, Loos J, Nussbaumer R. TiO$_2$ nanoparticle-photopolymer composites for volume holographic recording. Adv Funct Mater, 2005, 15 (10): 1623-1629.

[33] 倪名立，彭海炎，解孝林. 全息聚合物分散液晶的结构调控与性能. 高分子学报, 2017, 48 (10): 1557-1573.

[34] Peng H Y, Chen G N, Ni M L, Yan Y, Zhuang J Q, Roy V A L, Li R K, Xie X L. Classical photopolymerization kinetics, exceptional gelation, and improved diffraction efficiency and driving voltage in scaffolding morphological H-PDLCs afforded using a photoinitibitor. Polym Chem, 2015, 6 (48): 8259-8269.

[35] Liu Y J, Sun X W, Liu J H, Dai H T, Xu K S. A polarization insensitive 2×2 optical switch fabricated by liquid crystal-polymer composite. Appl Phys Lett, 2005, 86 (4): 041115.

[36]　Kim E H, Woo J Y, Kim B K. LC dependent electro-optical properties of holographic polymer dispersed liquid crystals. Displays, 2008, 29（5）: 482-486.

[37]　Yagci Y, Jockusch S, Turro N J. Photoinitiated polymerization: Advances, challenges, and opportunities. Macromolecules, 2010, 43（15）: 6245-6260.

[38]　彭海炎, 毕曙光, 廖永贵, 周兴平, 解孝林. KCD/MDEA/TA 三元引发剂引发丙烯酸酯/液晶复合体系光聚合动力学. 高等学校化学学报, 2012, 33（3）: 640-644.

[39]　Zhao X Y, Sun S S, Zhao Y, Liao R Z, Li M D, Liao Y G, Peng H Y, Xie X L. Effect of ketyl radical on the structure and performance of holographic polymer/liquid-crystal composites. Sci China Mater, 2019, 62（12）: 1921-1933.

[40]　Schulte M D, Clarson S J, Natarajan L V, Tomlin D W, Bunning T J. The effect of fluorine-substituted acrylate monomers on the electro-optical and morphological properties of polymer dispersed liquid crystals. Liq Cryst, 2000, 27（4）: 467-475.

[41]　宋静, 郑致刚, 刘永刚, 李静, 宣丽. 含氟单体材料对全息聚合物分散液晶 Bragg 光栅电光特性的影响. 液晶与显示, 2006, 21（5）: 443-446.

[42]　Kim E H, Woo J Y, Cho Y H, Kim B K. Holographic PDLC containing fluorine segments. Bull Chem Soc Jpn, 2008, 81（6）: 773-777.

[43]　De Sio L, Lloyd P F, Tabiryan N V, Bunning T J. Hidden gratings in holographic liquid crystal polymer-dispersed liquid crystal films. ACS Appl Mater Interfaces, 2018, 10（15）: 13107-13112.

[44]　White T J, Liechty W B, Natarajan L V, Tondiglia V P, Bunning T J, Guymon C A. The influence of N-vinyl-2-pyrrolidinone in polymerization of holographic polymer dispersed liquid crystals （HPDLCs）. Polymer, 2006, 47（7）: 2289-2298.

[45]　Ni M L, Chen G N, Sun H W, Peng H Y, Yang Z F, Liao Y G, Ye Y S, Yang Y K, Xie X L. Well-structured holographic polymer dispersed liquid crystals by employing acrylamide and doping ZnS nanoparticles. Mater Chem Front, 2017, 1（2）: 294-303.

[46]　De Sarkar M, Gill N L, Whitehead J B, Crawford G P. Effect of monomer functionality on the morphology and performance of the holographic transmission gratings recorded on polymer dispersed liquid crystals. Macromolecules, 2003, 36（3）: 630-638.

[47]　Park M S, Kim B K. Transmission holographic gratings produced using networked polyurethane acrylates with various functionalities. Nanotechnology, 2006, 17（8）: 2012-2017.

[48]　Bunning T J, Natarajan L V, Tondiglia V P, Dougherty G, Sutherland R L. Morphology of anisotropic polymer-dispersed liquid crystals and the effect of monomer functionality. J Polym Sci Part B: Polym Phys, 1997, 35（17）: 2825-2833.

[49]　Peng H Y, Ni M L, Bi S G, Liao Y G, Xie X L. Highly diffractive, reversibly fast responsive gratings formulated through holography. RSC Adv, 2014, 4（9）: 4420-4426.

[50]　Ramsey R A, Sharma S C. Effects of monomer functionality on switchable holographic gratings formed in polymer-dispersed liquid-crystal cells. ChemPhysChem, 2009, 10（3）: 564-570.

[51]　Peng H Y, Yu L, Chen G N, Bohl T W, Ye Y S, Zhou X P, Xue Z G, Roy V A L, Xie X L. Low-voltage-driven and highly-diffractive holographic polymer dispersed liquid crystals with spherical morphology. RSC Adv, 2017, 7（82）: 51847-51857.

[52]　Meng S, Duran H, Hu J, Kyu T, Natarajan L V, Tondiglia V P, Sutherland R L, Bunning T J. Influence of

photopolymerization reaction kinetics on diffraction efficiency of H-PDLC undergoing photopatterning reaction in mixtures of acrylic monomer/nematic liquid crystals. Macromolecules, 2007, 40（9）: 3190-3197.

[53]　Caputo R, De Sio L, Veltri A, Umeton C. Development of a new kind of switchable holographic grating made of liquid-crystal films separated by slices of polymeric material. Opt Lett, 2004, 29（11）: 1261-1263.

[54]　Huang W B, Diao Z H, Yao L S, Cao Z L, Liu Y G, Ma J, Xuan L. Electrically tunable distributed feedback laser emission from scaffolding morphologic holographic polymer dispersed liquid crystal grating. Appl Phys Express, 2013, 6: 022702.

第 5 章

全息高分子/纳米粒子复合材料

纳米粒子是指尺寸在 1～100 nm 之间的超细微粒。尺寸纳米化会产生表面效应、体积效应、量子尺寸效应等特殊效应，因此纳米粒子具有独特的光学性质、电学性质、磁学性质、力学性质和热学性质[1]。全息高分子/纳米粒子复合材料是基于全息光聚合诱导相分离原理制备的一类具有周期性有序结构的高分子/纳米粒子复合材料。2001 年，美国赖特-帕特森空军基地的 Vaia、Bunning 等将直径为 5 nm 的金纳米粒子分散在含有光引发剂的丙烯酸酯单体中，并采用相干光辐照，制备了富高分子相与富纳米粒子相呈周期性排列的全息光栅[2]。这是关于全息高分子/纳米粒子复合材料研究的最早报道。由于纳米粒子，特别是无机纳米粒子(如二氧化钛、二氧化锆、硫化锌等)具有高的折射率，因此全息高分子/纳米粒子复合材料的折射率调制度通常较高。同时，全息高分子/纳米粒子复合材料还具有光散射低、体积收缩率低、衍射效率对光的偏振态不敏感等优点，因此受到了人们的广泛关注，并已应用于三维图像存储[3]、光学防伪[4]、高密度数据存储[5]、中子光学元件[6,7]等领域。

本章将分别介绍全息高分子/纳米粒子复合材料的成型原理、组成、性能参数、结构与性能调控、应用及发展展望。

5.1 全息高分子/纳米粒子复合材料的成型原理 ◀◀◀

全息高分子/纳米粒子复合材料的成型原理是全息光聚合诱导相分离，形成的结构通常为光栅。如图 5-1 所示，先将纳米粒子均匀分散在含有光引发剂的单体中，然后置于相干激光下曝光。光引发剂在相干亮区吸收光子，并引发单体进行聚合反应，生成高分子。由于相干亮区中单体浓度降低，相干暗区的单体向相干亮区扩散，并参与聚合反应，同时将纳米粒子从相干亮区挤压至相干暗区。这种单体与纳米粒子的反向扩散导致微观相分离，最终形成富高分子相与富纳米粒子相呈周期性排列的光栅结构。

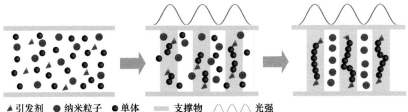

图 5-1　全息高分子/纳米粒子复合材料的成型原理示意图

日本电气通讯大学 Tomita 等阐述了体系化学势的变化对单体及纳米粒子扩散的影响[8]。忽略复合体系中各组分之间微弱的相互作用,组分 i 的化学势可表示为

$$\mu_i = \mu_{0i} + k_B T \ln\left(\frac{N_i}{\sum_i N_i}\right) \tag{5-1}$$

式中: μ_{0i} 代表组分 i 的初始化学势; N_i 为单位体积内组分 i 的摩尔数; k_B 和 T 分别为玻尔兹曼常量和热力学温度。

在全息曝光之前,纳米粒子在单体中处于均匀分散状态,因此各组分的化学势相同。在相干激光的照射下,相干亮区中的单体发生聚合反应,导致单体摩尔数减少、化学势下降。由于单体在相干暗区中的化学势高于相干亮区,因此单体从相干暗区向相干亮区扩散。同时,相干亮区中纳米粒子的化学势升高,推动纳米粒子向相干暗区扩散。单体和纳米粒子的反向扩散导致微观相分离,直至体系发生凝胶化时停止。

美国伊利诺伊大学香槟分校 Braun 等以全息高分子/二氧化硅纳米粒子复合材料为研究对象,发现纳米粒子向相干暗区扩散是形成全息光栅结构的决速步骤,称为扩散控制的纳米粒子迁移机理[9]。在此基础上,他们进一步研究了干涉条纹周期对相分离结构的影响。当干涉条纹的周期分别为 500 nm[图 5-2(a)]和 1 μm[图 5-2(b)]时,复合材料中二氧化硅纳米粒子主要分布在相干暗区。当干涉条纹周期增大至 2 μm 时,则不能形成全息光栅结构[图 5-2(c)]。

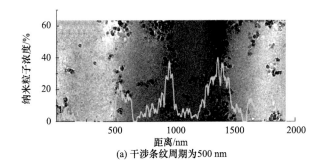

(a) 干涉条纹周期为500 nm

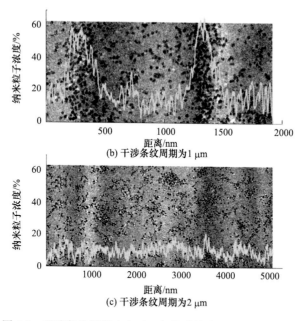

图 5-2　干涉条纹周期改变时二氧化硅纳米粒子的分布情况[9]

5.2　全息高分子/纳米粒子复合材料的组成　◀◀◀

全息高分子/纳米粒子复合材料的原料为光引发剂(包括光引发阻聚剂)、单体和纳米粒子,其中光引发剂与第 4 章全息高分子/液晶复合材料中讨论的内容类似,在此不再赘述。本章着重介绍单体和纳米粒子。

5.2.1　单体

一般地,应用于全息高分子/纳米粒子复合材料的单体,需要满足如下要求:①单体对纳米粒子具有良好的分散能力。纳米粒子在单体中的均匀分散是制备高性能全息高分子/纳米粒子复合材料的前提,因此单体与纳米粒子之间须具有一定的相容性,以确保纳米粒子在单体中易于分散而不发生团聚。②单体的聚合反应速率要高。虽然聚合反应的凝胶化时间长于纳米粒子的扩散时间是形成全息高分子/纳米粒子复合材料的前提,但由于全息过程通常在较短的时间内完成,因此单体应具有较高的聚合反应速率。③单体在光聚合过程中应具有较低的体积收缩。一方面,引入刚性结构的纳米粒子有利于抑制光聚合反应过程中的体积收缩;另一方面,选用光聚合体积收缩率小的单体也很关键。④单体聚合后形成的高分子应与采用的纳米粒子具有较大的折射率差异。全息高分子/纳米粒子复合材料的衍射效率等光学性能与其折射率调制度直接相关，因此需选用与纳米粒子折射率差异性大的单体。用于制备全息高分子/纳米粒子复合材料的常见烯类单体如图 5-3 所示。

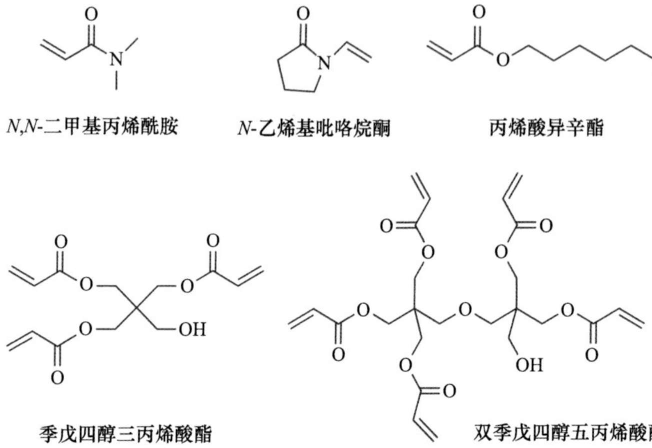

N,N-二甲基丙烯酰胺   N-乙烯基吡咯烷酮   丙烯酸异辛酯

季戊四醇三丙烯酸酯   双季戊四醇五丙烯酸酯

图 5-3   用于制备全息高分子/纳米粒子复合材料的常见烯类单体

5.2.2   纳米粒子

用于制备全息高分子/纳米粒子复合材料的纳米粒子包括无机纳米粒子、金属纳米粒子和聚合物纳米粒子。

1. 无机纳米粒子

一些金属氧化物和硫化物通常具有较高的折射率(表 5-1)，因此采用这些化合物的纳米粒子有利于提高全息高分子/纳米粒子复合材料的折射率调制度。二氧化硅(SiO_2)纳米粒子虽然折射率(~ 1.46)不高，但密度小、合成简单，也常用于全息高分子/纳米粒子复合材料的制备，但通常需要辅以高折射率单体。未经表面改性的无机纳米粒子通常难以在单体中均匀分散，因此对无机纳米粒子进行表面改性是制备全息高分子/无机纳米粒子复合材料的必要程序。无机纳米粒子的表面改性方法分为后修饰法和原位修饰法。后修饰法是指先合成纳米粒子，然后对其进行表面修饰[10]。原位修饰法是在纳米粒子合成过程中将有机官能团反应或配位到无机纳米表面，可用一锅法完成[11]。与后修饰法相比，原位修饰法更加简便、高效。

表 5-1   常见的高折射率无机化合物

无机物	折射率	无机物	折射率
PbS	3.6	TiO_2	2.5~2.7
Fe_3O_4	>3.5	ZnS	2.4

续表

无机物	折射率	无机物	折射率
Nb_2O_5	2.3	CeO_2	2.2
$Bi_4Ti_3O_{12}$	2.3	Ta_2O_5	2.1
ZrO_2	2.2	ZnO	2.0

需要指出的是，采用有机官能团修饰无机纳米粒子往往会导致折射率降低，因此在确保分散均匀的前提下，应适当降低纳米粒子中有机官能团的含量。有机官能团修饰后，无机纳米粒子的折射率 n 可通过式(5-2)计算[12]：

$$n = \sum n_i f_i \qquad (5\text{-}2)$$

式中：n_i 和 f_i 分别为组分 i(无机纳米核或有机官能团)的折射率和体积分数。

2. 金属纳米粒子

用于全息高分子/纳米粒子复合材料的金属纳米粒子主要是金纳米粒子和银纳米粒子。金纳米粒子和银纳米粒子可产生表面等离子共振效应，吸收特定波长的可见光，有利于提高全息高分子/纳米粒子复合材料的光学性能[13,14]。

3. 聚合物纳米粒子

聚合物纳米粒子与单体相容性好，无需表面修饰即可均匀分散在单体中。聚苯乙烯的折射率(1.59~1.60)高于常见的聚丙烯酸酯(~1.50)，因此可作为全息高分子材料的高折射率组分[2]。

5.3　全息高分子/纳米粒子复合材料的性能参数 ◀◀◀

全息高分子/纳米粒子复合材料的性能参数主要有：衍射效率(η)、折射率调制度(n_1)、感光灵敏度(S)、动态存储范围($M\#$)、相分离程度(SD)和体积收缩率(VS)。其中，衍射效率、折射率调制度、感光灵敏度和动态存储范围已在第 1 章作了介绍，本章重点讨论相分离程度和体积收缩率两个参数。

5.3.1　相分离程度

相分离完成后，纳米粒子在相干暗区中的体积分数(f_{dark})高于相干亮区中的体积分数(f_{bright})，两者的差(Δf)为

$$\Delta f = f_{dark} - f_{bright} \qquad (5\text{-}3)$$

全息高分子/纳米粒子复合材料的相分离程度（SD）的定义为：从相干亮区扩散到相干暗区的纳米粒子体积分数占相干亮区中初始纳米粒子体积分数 f_{NP} 的百分比：

$$SD = \frac{\Delta f}{2 f_{NP}} \times 100\% \tag{5-4}$$

式中：SD 的变化区间为 0～100%。

根据折射率的加和性原理[式(5-2)]，相干暗区的折射率（n_{dark}）和相干亮区的折射率（n_{bright}）分别表述为

$$n_{dark} = \left(1 - f_{dark}\right) \times n_p + f_{dark} \times n_{NP} \tag{5-5}$$

$$n_{bright} = \left(1 - f_{bright}\right) \times n_p + f_{bright} \times n_{NP} \tag{5-6}$$

式中：n_{NP} 和 n_p 分别为纳米粒子和高分子的折射率。n_1 与 n_{dark} 和 n_{bright} 存在如下关系[3]：

$$2 n_1 = \left| n_{dark} - n_{bright} \right| \tag{5-7}$$

将式(5-5)～式(5-7)代入式(5-3)，化简后可得

$$\Delta f = \frac{2 n_1}{n_{NP} - n_p} \tag{5-8}$$

因此，根据实验测得的 n_1，并结合 n_{NP} 和 n_p 可计算出 Δf，进而采用式(5-4)计算相分离程度。

全息高分子/纳米粒子复合材料的相分离程度受体系凝胶化时间、黏度等因素的影响。华中科技大学解孝林团队基于菲克第二定律[15]，推导了全息光聚合诱导相分离过程的理论模型[3]，即相分离程度与凝胶化时间/体系黏度的函数关系。在相干激光形成的干涉条纹中，光强呈正弦曲线分布。由于光聚合反应速率与光强的 0.5 次方成正比，因此复合体系内的光聚合反应速率、单体和纳米粒子在复合体系中的瞬时浓度也呈正弦曲线分布。在 t 时刻，纳米粒子的浓度可表述为

$$C(x,t) = C_0 + (C_{max} - C_0) \times \sin(\frac{2\pi}{\Lambda} x) \times e^{\left[-\left(\frac{2\pi}{\Lambda}\right)^2 Dt\right]} \tag{5-9}$$

式中：C_{max} 为纳米粒子的瞬时最大浓度；C_0 为纳米粒子的平均浓度；Λ 为全息光栅周期；x 为空间位置的横坐标；D 为纳米粒子的扩散系数（D 可根据斯托克斯-爱因斯坦方程计算）。

将复合体系凝胶化时间设定为相分离的终止时间，并采用光流变仪测定凝胶化时间 t_{gel}。受限于仪器精度，光流变测试与全息曝光时样品厚度不一致，导致凝

胶化时间存在差异。为了消除样品厚度带来的影响，引入常数 G 进行校正，即全息曝光过程中纳米粒子停止迁移的时间为 $G \times t_{gel}$。通过计算，初始时刻和 $G \times t_{gel}$ 时刻纳米粒子的浓度分布曲线如图 5-4 所示。采用定积分计算全息光聚合诱导相分离过程中纳米粒子的迁移量 ΔC：

$$\Delta C = 2 \times \left[\int_{\frac{A}{4}}^{\frac{A}{2}} C(x,0) - \int_{\frac{A}{4}}^{\frac{A}{2}} C\left(x, Gt_{gel}\right) \right]$$

$$= \frac{A}{\pi} \left(C_{max} - C_0\right) \left\{ 1 - e^{\left[-\left(\frac{2\pi}{A}\right)^2 \frac{k_B T}{6\pi v r} Gt_{gel} \right]} \right\} \tag{5-10}$$

式中：r 为纳米粒子半径；v 为黏度。由于 Δf 是 ΔC 的两倍，$C_{max} - C_0$ 与 f 呈正相关，因此：

$$SD = \frac{\Delta f}{2f} \sim \frac{\Delta C}{\left(C_{max} - C_0\right)} = \frac{A}{\pi} \left\{ 1 - e^{\left[-\left(\frac{2\pi}{A}\right)^2 \frac{k_B T}{6\pi v r} Gt_{gel} \right]} \right\} \tag{5-11}$$

经常数项简化，得到相分离程度与体系凝胶化时间/黏度比值(t_{gel}/v)之间的关系：

$$SD = y_1 \times [1 - e^{\left(-\beta \times \frac{t_{gel}}{v} \right)}] \tag{5-12}$$

式中：常数 y_1 为复合体系所能达到的最大相分离程度；参数 β 表示 t_{gel}/v 对 SD 的影响程度。

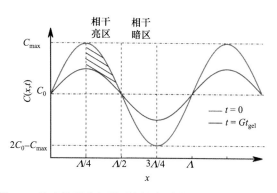

图 5-4　纳米粒子在初始时刻和凝胶化时刻的浓度分布[3]

图 5-5 给出了全息高分子/硫化锌(ZnS，直径：5 nm)纳米粒子复合材料的相分离程度与 t_{gel}/v 之间的关系。可以看出：全息高分子/ZnS 纳米粒子复合材料的理

论相分离程度与实验数据吻合。当 $t_{gel}/\nu \leqslant 5000$ 时，全息高分子/ZnS 纳米粒子复合材料的 SD 随 t_{gel}/ν 的增大而快速提高；当 t_{gel}/ν 达到 5000 以后，其 SD 达到平台值（48.9%），这对优化全息高分子/纳米粒子复合材料的制备工艺具有指导意义。最近，华中科技大学刘世元团队采用缪勒（Mueller）矩阵椭偏仪表征了相干亮区与相干暗区的宽度与折射率，进一步验证了上述模型在定量化描述全息光聚合诱导相分离过程方面的可靠性[16]。

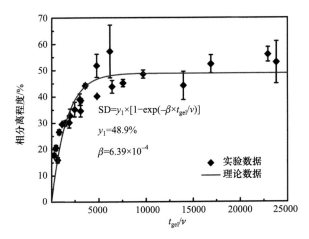

图 5-5   全息高分子/纳米粒子复合材料的相分离程度与凝胶化时间/
体系黏度（t_{gel}/ν）之间的关系[3]

5.3.2   体积收缩率

单体聚合生成高分子时，分子间的相互作用由范德瓦尔斯力转变为共价键，导致体系中分子间的平均距离减小，在宏观上表现为体积减小，即发生了体积收缩。体积收缩率（VS）定义为单体在聚合过程中的体积减小值占初始体积值的百分比：

$$VS = \frac{V_0 - V_t}{V_0} \qquad (5\text{-}13)$$

式中：V_0 和 V_t 分别为聚合反应前和聚合反应后的体积。

VS 与单体的体积收缩因子（SF）、官能团的初始浓度（$[M]_0$）及最终转化率（MC）有关[17]：

$$VS = [M]_0 \times MC \times SF \qquad (5\text{-}14)$$

体积收缩因子小的单体在转化率相同时具有更小的体积收缩率。例如，环氧单体在开环聚合反应中的体积收缩率较低。

聚合反应前后材料的总质量守恒，因此，体积收缩率可通过测量聚合反应前后材料的密度变化而得到：

$$VS = \frac{\rho_t - \rho_0}{\rho_t} \tag{5-15}$$

式中：ρ_0 和 ρ_t 分别为材料聚合前后的密度值，可根据国标 GB/T 13377—2010 推荐的测试方法测量。这种计算方法原理简单，得到的数据可靠。

当样品的密度难以直接测量时，需采用其他方法测量体积收缩率。2012 年，解孝林团队报道了一种采用光流变技术测量光聚合体积收缩率的方法[18]。实验装置如图 5-6 所示。测试中，将流变仪转子的法向应力固定为零，实时监测样品厚度随光照时间的变化曲线，进而根据式(5-16)计算体积收缩率：

$$VS = \left[1 + \frac{1}{3}\left(\frac{h_0 - h_t}{h_0}\right)\right]^3 - 1 \tag{5-16}$$

式中：h_0 和 h_t 分别为样品的初始厚度和在 t 时刻的厚度。采用光流变仪测量光聚合体积收缩率不仅步骤简便，而且可以同时监测材料的储能模量、损耗模量等参数随光照时间的变化。需要注意的是，光流变仪测量的是体系达到凝胶点之后的体积收缩率，与密度法相比，所得到的数值偏小[18]。

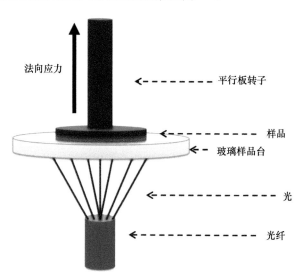

图 5-6　光流变仪测量光聚合体积收缩率的装置示意图[18]

光聚合体积收缩会导致布拉格失配(即布拉格角实测值偏离理论值)。因此，全息高分子材料的体积收缩率也可通过表征倾斜光栅的布拉格角偏移来计算[19]：

$$VS = 1 - \frac{\tan\omega_1}{\tan\omega_2} \tag{5-17}$$

式中：$\tan\omega_1 = \Lambda / d$，$\tan\omega_2 = \Lambda / d'$，$d$ 和 d' 分别代表全息光栅厚度（理论）和实际厚度；ω_1 和 ω_2 分别为对应的光栅倾角；Λ 为光栅周期。使用这种表征方法需要预先制备具有已知倾斜角的全息光栅，并对光路精确测量。

5.4　全息高分子/纳米粒子复合材料的结构与性能调控 ◂◂◂

折射率调制度（n_1）是全息高分子/纳米粒子复合材料的一个关键性能参数。n_1 取决于纳米粒子与高分子的折射率差（$n_{NP} - n_p$）、纳米粒子的体积分数（f_{NP}）和相分离程度（SD），具体计算式为

$$n_1 = \text{SD} \times f_{NP} \times (n_{NP} - n_p) \tag{5-18}$$

可见，提高纳米粒子与高分子之间的折射率差值，并提高纳米粒子含量和相分离程度，是提高 n_1 值的有效途径；具体可以通过改变纳米粒子的种类[10,20-22]、优化纳米粒子的含量[10,23]、调控纳米粒子的尺寸[24]，以及选用具有点击聚合反应特征的含硫单体体系[25-28]来实现。

5.4.1　单体的影响

硫醇可作为单体进行硫醇-烯烃自由基反应。与丙烯酸酯自由基链式聚合相比，硫醇-烯烃聚合反应通过逐步聚合机理实现，具有凝胶点单体转化率高、体积收缩率小、抗氧气阻聚性能好、形成的交联网络更加均一等优点[25]。向丙烯酸酯单体中引入硫醇，可提高复合体系的凝胶点单体转化率，并抑制光聚合体积收缩。2014 年，Tomita 等研究了单硫醇含量对全息高分子/纳米粒子复合材料的影响[26]。当加入 33 vol%（vol%表示体积分数）的单硫醇时，全息高分子/ZrO$_2$ 纳米粒子复合材料的 n_1 从 0.009 增加至 0.016，但进一步增加硫醇含量至 44 vol%时，n_1 降低至 0.007（图 5-7）。

Tomita 等还研究了硫醇官能团数对全息高分子/纳米粒子复合材料性能的影响[27]。所采用的硫醇分子如图 5-8 所示。向体系中分别加入 33 vol%的单硫醇、29 vol%的二硫醇和 17 vol%的三硫醇时发现，若光栅的空间频率小于 2000 线/mm 时，含单硫醇的全息光栅 n_1 值最高；若空间频率大于 2500 线/mm，则多硫醇更有利于提升 n_1[图 5-9（a）]。硫醇含量相同时，多硫醇能更有效地抑制光聚合体积收缩[图 5-9（b）]。加入 9 vol%的三硫醇可使光聚合体积收缩率从 3.6%降低至 1.2%。

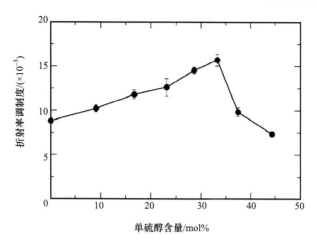

图 5-7　全息高分子/ZrO$_2$纳米粒子复合材料的折射率调制度与单硫醇含量的关系[26]

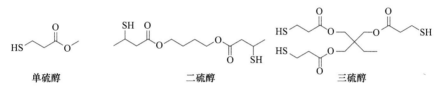

图 5-8　单硫醇、二硫醇和三硫醇的化学结构式[27]

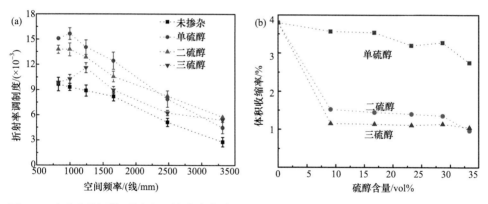

图 5-9　硫醇官能团数不同时：(a)全息高分子/ZrO$_2$纳米粒子复合材料的折射率调制度与空间
频率的关系；(b)体积收缩率与硫醇含量的关系[27]

　　硫醇-炔烃体系也可用于制备全息高分子/纳米粒子复合材料。由于每个炔基
可与两个巯基进行自由基反应，因此与硫醇-烯烃体系相比，硫醇-炔烃聚合可形
成交联密度更高的高分子网络[28]。由于硫醇-炔烃聚合形成的高分子网络中硫含量
较高，因此折射率也较高，适合与低折射率的 SiO$_2$纳米粒子复合形成全息光栅。
Tomita 等以三羟甲基丙烷三(3-巯基丙酸酯)和 1,7-辛二炔为单体(图 5-10)，以

Irgacure 784 和过氧化苯甲酰为光引发剂, 以平均粒径为 13 nm 的 SiO_2 为纳米粒子, 制备了 n_1 为 0.008、感光灵敏度达 2.0 cm/mJ 且体积收缩率仅为 0.5%的全息高分子/SiO_2纳米粒子复合材料[5]。

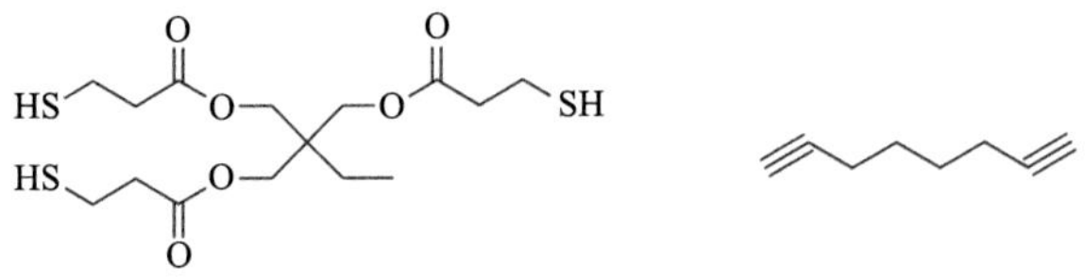

三羟甲基丙烷三(3-巯基丙酸酯)　　　　　　　　1,7-辛二炔

图 5-10　三羟甲基丙烷三(3-巯基丙酸酯)和 1,7-辛二炔的分子结构[5]

5.4.2 纳米粒子的影响

1. 纳米粒子种类的影响

Vaia 和 Bunning 等报道的首个全息高分子/纳米粒子复合材料采用了金纳米粒子。金纳米粒子在单体中的添加量有限(体积分数仅为 5 vol%), 导致厚度为 6.75 mm 时全息光栅的衍射效率仅为 33%[2]。

乌克兰国家科学院物理研究所 Smirnova 等以单体、光引发剂和银纳米粒子前驱体溶液为原料, 基于全息光聚合诱导相分离原理制得了银纳米粒子前驱体在高分子网络中呈周期性分布的全息光栅。银纳米粒子前驱体溶液的添加量可达 30 vol%。随后, 通过热处理或均匀紫外辐照, 可将前驱体还原成平均粒径为 5.2 nm 的银纳米粒子, 制得 n_1 达 0.014、衍射效率达 84%的全息高分子/银纳米粒子复合材料[20]。

无机氧化物纳米粒子在全息高分子/纳米粒子复合材料中的应用最为广泛。2002 年, Tomita 等报道了全息高分子/二氧化钛(TiO_2)纳米粒子复合材料。TiO_2 纳米粒子的折射率可达 2.5~2.7, 经表面修饰后在单体中的添加量可达 39 wt%, 因此所制备的全息光栅具有较高的 n_1(0.008)和衍射效率(92%)[21]。2004 年, 他们又研究了全息高分子/二氧化硅(SiO_2)纳米粒子复合材料[22]。由于 SiO_2 的折射率仅为 1.46, 为增加高分子与 SiO_2 纳米粒子的折射率差值, 他们采用了折射率较高的丙烯酸酯类单体, 使得聚合后所得高分子的折射率为 1.59。当 SiO_2 含量为 34 vol%时, 可制得折射率调制度 n_1 为 0.008、衍射效率接近 100%的全息光栅。2007 年, 德国马普学会胶体与界面研究所 Garnweitner 等研究了全息高分子/二氧化锆(ZrO_2)纳米粒子复合材料[10]。他们首先合成了长链脂肪酸修饰的 ZrO_2 纳米粒子。纳米粒子中无机组分的含量可达 78 wt%, 折射率较高, 有利于提高纳米粒子与高分子的折射率差值。利用长链脂肪酸修饰的 ZrO_2 纳米粒子, Garnweitner 等制备了高性能全息高分子/ZrO_2 纳米粒子复合材料。当 ZrO_2 纳米粒子含量为 19 wt%时, 全息光栅的衍射效率接近

100%。进一步增加 ZrO_2 含量至 23 wt%时，全息光栅出现了过调制（over modulation）现象，衍射效率降低（图 5-11）。

2. 纳米粒子含量的影响

纳米粒子含量对全息高分子/纳米粒子复合材料的性能有重要影响。德国波茨坦大学 Stumpe 等研究了全息高分子/纳米粒子复合材料的 n_1 与纳米粒子含量的关系（图 5-12）[23]。结果表明，对于图 5-12 中四种不同的纳米粒子，在可均匀分散的含量范围内，n_1 均随着纳米粒子含量的增加呈先上升后下降的趋势。

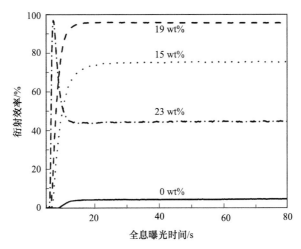

图 5-11　全息高分子/ZrO_2 纳米粒子复合材料的衍射效率随
全息曝光时间的变化曲线[10]

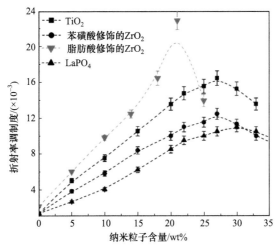

图 5-12　全息高分子/纳米粒子复合材料的 n_1 与纳米粒子含量的关系[23]

2015 年，解孝林团队发现，全息高分子/ZnS 纳米粒子复合材料的 n_1 同样随着 ZnS 纳米粒子含量的增加先上升后下降[3]。根据式(5-18)，ZnS 纳米粒子的含量从两个方面对 n_1 产生影响：①增加 ZnS 纳米粒子的含量可直接提高 n_1；②增加 ZnS 纳米粒子的含量会使复合体系的黏度增加，导致 ZnS 纳米粒子的扩散速率下降，最终相分离程度下降，n_1 值降低。因此，当 ZnS 含量从 3.2 vol%增加至 22.6 vol%时，纳米粒子体积分数的增加起主导作用，导致 n_1 从 0.005 增加到 0.018；进一步增加 ZnS 含量至 27.3 vol%时，相分离程度的下降起主导作用，导致 n_1 又降至 0.014(图 5-13)。

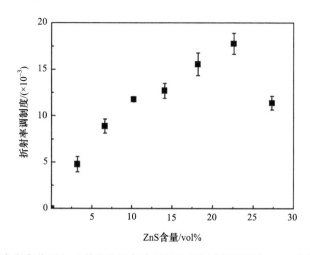

图 5-13　全息高分子/ZnS 纳米粒子复合材料的折射率调制度与 ZnS 含量的关系[3]

3. 纳米粒子尺寸的影响

纳米粒子的尺寸也是影响全息高分子/纳米粒子复合材料性能的重要因素。根据斯托克斯-爱因斯坦方程，小尺寸的纳米粒子扩散更快，有利于提高相分离程度。Braun 等的研究结果也证明，在相同条件下，25 nm 的 SiO_2 比 50 nm 的 SiO_2 更容易形成全息光栅[9]。Tomita 等利用平均粒径为 15 nm 的 TiO_2 纳米粒子，制备了 n_1 为 0.008 的全息高分子/纳米粒子复合材料；荷兰埃因霍芬理工大学 Bastiaansen 等利用平均粒径为 4 nm 的 TiO_2 纳米粒子将 n_1 值提高到了 0.016[24]；Garnweitner 等采用粒径为 3~4 nm 的 ZrO_2 纳米粒子，制得了 n_1 达 0.024 的全息高分子/纳米粒子复合材料[10]；解孝林团队利用平均粒径为 5 nm 的 ZnS 纳米粒子，制得了 n_1 值达 0.027 的全息高分子/纳米粒子复合材料[3]。

5.4.3　光引发阻聚剂的影响

KCD 和 NPG 组成的光引发阻聚剂对光聚合反应速率和凝胶化行为具有优异

的调控能力，这种调控能力源于羰基自由基对聚合反应的阻聚[29,30]。解孝林团队利用 KCD/NPG 光引发阻聚剂调控了全息高分子/ZnS 纳米粒子复合材料的结构及性能[3]。当 KCD/NPG 光引发阻聚剂中 KCD 的含量从 0.1 wt%增加到 0.6 wt%时，体系最大光聚合反应速率从 9.6×10^{-3} s^{-1} 降低至 3.4×10^{-3} s^{-1}[图 5-14(a)]，凝胶化时间从 7 s 延长至 49 s[图 5-14(b)]。凝胶化时间的增加为 ZnS 纳米粒子的扩散提供了更加充足的时间，因此当 KCD 含量从 0.1 wt%增加至 0.6 wt%时，全息高分子/ZnS 纳米粒子复合材料的衍射效率(η)从 23.6%增加至 57.9%，n_1 和 SD 值则分别从 0.010 和 17.7%上升至 0.018 和 30.2%(表 5-2)。作为对比，当直接加入对苯二酚(HQ)或 N-亚硝基-N-苯基羟胺铝(Q1301)等传统阻聚剂时，全息高分子/ZnS 纳米粒子复合材料的 n_1 显著降低(图 5-15)。

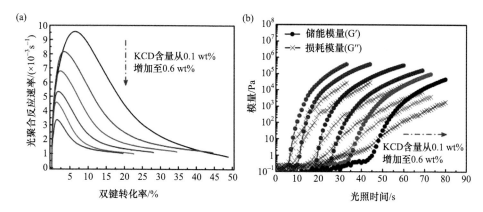

图 5-14　KCD 含量不同时：(a)光聚合反应速率与双键转化率的关系；(b)储能模量和损耗模量与光照时间的关系；储能模量与损耗模量的交点记为凝胶点[3]

表 5-2　KCD 含量对全息高分子/ZnS 纳米粒子复合材料的衍射效率(η)、折射率调制度(n_1)和相分离程度(SD)的影响[3]

KCD 含量/wt%	η/%	n_1	SD/%
0.1	23.6	0.010	17.7
0.2	31.2	0.012	20.7
0.3	47.5	0.016	26.6
0.4	56.3	0.017	29.7
0.5	57.5	0.018	30.1
0.6	57.9	0.018	30.2

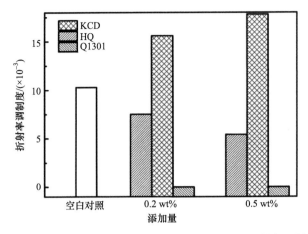

图 5-15　不同阻聚剂对全息高分子/ZnS 纳米粒子复合材料折射率调制度的影响[3]

5.5　全息高分子/纳米粒子复合材料的应用　◄◄◄

5.5.1　三维图像存储

解孝林团队在全息高分子/ZnS 纳米粒子复合材料中存储了高质量、裸眼可见的三维图像。全息高分子/纳米粒子复合材料的衍射效率与入射光的偏振方向无关，因此利用白炽灯(含 s 和 p 偏振光)再现的 3D 图像具有更高的亮度。三维图像从不同的视角可以观察到小方块的不同平面，呈现出良好的立体效果(图 5-16)，有望应用于高端防伪和立体广告等领域[3]。

图 5-16　利用白炽灯再现存储于全息高分子/ZnS 纳米粒子复合材料中的三维图像[3]
从不同视角可观察到小方块不同平面的信息：(a)两颗星和四颗星；(b)一颗星、两颗星、
三颗星和四颗星；(c)一颗星和三颗星

5.5.2　高密度数据存储

　　全息高分子/纳米粒子复合材料的折射率调制度高、光散射损失低、体积收缩率低，适合作为高密度数据存储介质。当 SiO_2 纳米粒子含量为 25 vol%时，Tomita 等在全息高分子/纳米粒子复合材料中存储了 80 个数据页[5]。所存储的原始数据页和读取出来的数据页如图 5-17 所示。

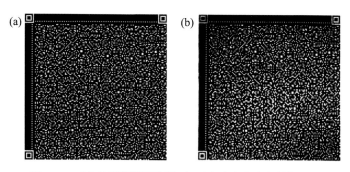

图 5-17　(a)存储的原始数据页；(b)读取出来的数据页[5]

5.5.3　光学防伪

　　基于含有 Ce^{3+} 和 Tb^{3+} 的 $LaPO_4$ 纳米粒子，德国波茨坦大学 Goldenberg 等制备了具有发光功能的全息高分子/纳米粒子复合材料[4]。在该复合材料中记录的全息图于可见光下清晰可见[图 5-18(a)]，并在荧光显微镜下可观察到微米尺度的发光条纹[图 5-18(b)]。图 5-18(b)中发光亮度较高的部分对应相干暗区(富纳米粒子相)，发光亮度较弱的部分对应相干亮区(富高分子相)。若提高全息高分子/荧光纳米粒子复合材料的相分离程度，衍射效率和发光条纹的清晰度将同步提高。兼具高亮度全息图和清晰发光条纹的全息高分子/纳米粒子复合材料适用于双重光学防伪。

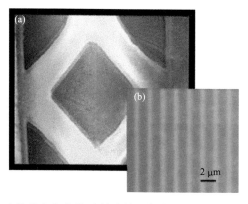

图 5-18　具有发光功能的全息高分子/纳米粒子复合材料在可见光下显示的全息图(a)
及其在荧光显微镜下显示的发光条纹(b)[4]

5.5.4　中子光学元件

全息高分子/纳米粒子复合材料具有衍射效率高、光散射损失小和体积收缩率低的优点，适合用于制作中子光学元件。奥地利维也纳大学 Fally 等利用全息高分子/SiO₂ 纳米粒子复合材料制得了用于中子分束器的全息光栅[6]。减小光栅间距、增加光栅厚度以及纳米粒子的体积分数均可提高全息光栅对中子束的衍射效率。

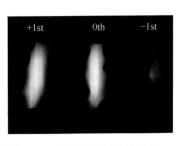

图 5-19　全息光栅对波长为 2 nm 的中子束进行衍射得到的图案[6]
图中+1st、0th、−1st 分别代表正一级、零级和负一级衍射

他们还制备了厚度为 203 μm、光栅周期为 500 nm 的全息光栅，并实现了对波长为 2 nm 的中子束进行衍射(图 5-19)。该全息光栅的衍射效率为 50%，可将一束中子束分成两束等强度的中子束。此外，他们还利用全息高分子/SiO₂ 纳米粒子复合材料制备了三端口分束器(three-port beam splitter)[7]，进一步拓宽了全息高分子/纳米粒子复合材料在中子光学领域的应用范围。

5.6　全息高分子/纳米粒子复合材料的发展展望 ◄◄◄

近 20 年来，科学家们对全息高分子/纳米粒子复合材料的成型原理、相分离理论、结构与性能调控进行了系统深入的研究，推动了高性能全息高分子/纳米粒子复合材料在三维图像存储、高密度数据存储、光学防伪和中子光学元件等领域的应用，发展前景广阔。今后，有四个方面的研究值得关注：①通过光引发体系、单体和纳米粒子三者协同来提高全息高分子/纳米粒子复合材料的相分离程度；②通过纳米粒子的结构设计、绿色高效合成及其在单体中的均匀分散，提高全息高分子/纳米粒子复合材料的折射率调制度；③通过单体和纳米粒子的分子及结构设计，抑制全息高分子/纳米粒子复合材料在光聚合过程中的体积收缩；④加强全息高分子/纳米粒子复合材料的高性能化和多功能化研究，推动其在防伪、显示、信息存储、检测技术和光电机械等高新技术领域的应用和发展。

参 考 文 献

[1] 宋延林. 纳米材料与绿色印刷. 北京: 科学出版社, 2018.

[2] Vaia R A, Dennis C L, Natarajan L V, Tondiglia V P, Tomlin D W, Bunning T J. One-step, micrometer-scale organization of nano- and mesoparticles using holographic photopolymerization: A generic technique. Adv Mater, 2001, 13 (20): 1570-1574.

[3] Ni M L, Peng H Y, Liao Y G, Yang Z F, Xue Z G, Xie X L. 3D image storage in photopolymer/ZnS nanocomposites tailored by "photoinitibitor". Macromolecules, 2015, 48 (9): 2958-2966.

[4]　Sakhno O V, Smirnova T N, Goldenberg L M, Stumpe J. Holographic patterning of luminescent photopolymer nanocomposites. Mater Sci Eng, C, 2008, 28 (1): 28-35.

[5]　Mitsube K, Nishimura Y, Nagaya K, Takayama S, Tomita Y. Holographic nanoparticle-polymer composites based on radical-mediated thiol-yne photopolymerizations: Characterization and shift-multiplexed holographic digital data page storage. Opt Mater Express, 2014, 4 (5): 982-996.

[6]　Fally M, Klepp J, Tomita Y, Nakamura T, Pruner C, Ellabban M A, Rupp R A, Bichler M, Olenik I D, Kohlbrecher J, Eckerlebe H, Lemmel H, Rauch H. Neutron optical beam splitter from holographically structured nanoparticle-polymer composites. Phys Rev Lett, 2010, 105 (12): 123904.

[7]　Klepp J, Tomita Y, Pruner C, Kohlbrecher J, Fally M. Three-port beam splitter for slow neutrons using holographic nanoparticle-polymer composite diffraction gratings. Appl Phys Lett, 2012, 101 (15): 154104.

[8]　Tomita Y, Suzuki N, Chikama K. Holographic manipulation of nanoparticle distribution morphology in nanoparticle-dispersed photopolymers. Opt Lett, 2005, 30 (8): 839-841.

[9]　Juhl A T, Busbee J D, Koval J J, Natarajan L V, Tondiglia V P, Vaia R A, Bunning T J, Braun P V. Holographically directed assembly of polymer nanocomposites. ACS Nano, 2010, 4 (10): 5953-5961.

[10]　Garnweitner G, Goldenberg L M, Sakhno O V, Antonietti M, Niederberger M, Stumpe J. Large-scale synthesis of organophilic zirconia nanoparticles and their application in organic-inorganic nanocomposites for efficient volume holography. Small, 2007, 3 (9): 1626-1632.

[11]　Lü C L, Cheng Y R, Liu Y F, Liu F, Yang B. A facile route to ZnS–polymer nanocomposite optical materials with high nanophase content via γ‐ray irradiation initiated bulk polymerization. Adv Mater, 2006, 18 (9): 1188-1192.

[12]　Peng H Y, Yu L, Chen G N, Xue Z G, Liao Y G, Zhu J T, Xie X L, Smalyukh I I, Wei Y. Liquid crystalline nanocolloids for storage of electro-optic responsive images. ACS Appl Mater Interfaces, 2019, 11 (8): 8612-8624.

[13]　Li C M Y, Cao L C, Li J M, He Q S, Jin G F, Zhang S M, Zhang F S. Improvement of volume holographic performance by plasmon-induced holographic absorption grating. Appl Phys Lett, 2013, 102 (6): 061108.

[14]　Li C M Y, Cao L C, He Q S, Jin G F. Holographic kinetics for mixed volume gratings in gold nanoparticles doped photopolymer. Opt Express, 2014, 22 (5): 5017-5028.

[15]　Watts B, Belcher W J, Thomsen L, Ade H, Dastoor P C. A quantitative study of PCBM diffusion during annealing of P3HT: PCBM blend films. Macromolecules, 2009, 42 (21): 8392-8397.

[16]　Jiang H, Peng H Y, Chen G N, Gu H G, Chen X G, Liao Y G, Liu S Y, Xie X L. Nondestructive investigation on the nanocomposite ordering upon holography using Mueller matrix ellipsometry. Eur Polym J, 2019, 110: 123-129.

[17]　Lu H, Carioscia J A, Stansbury J W, Bowman C N. Investigations of step-growth thiol-ene polymerizations for novel dental restoratives. Dent Mater, 2005, 21 (12): 1129-1136.

[18]　倪名立, 彭海炎, 毕曙光, 周兴平, 解孝林. 丙烯酸酯/液晶/POSS 复合体系光聚合过程中的体积收缩. 高分子学报, 2014, 45 (10): 1408-1412.

[19]　Hoque M A, Cho Y H, Kawakami Y. High performance holographic gratings formed with novel photopolymer films containing hyper-branched silsesquioxane. React Funct Polym, 2007, 67 (11): 1192-1199.

[20]　Smirnova T N, Kokhtych L M, Kutsenko A S, Sakhno O V, Stumpe J. The fabrication of periodic polymer/silver nanoparticle structures: *In situ* reduction of silver nanoparticles from precursor spatially distributed in polymer

using holographic exposure. Nanotechnology, 2009, 20（40）: 405301.

[21]　Suzuki N, Tomita Y, Kojima T. Holographic recording in TiO₂ nanoparticle-dispersed methacrylate photopolymer films. Appl Phys Lett, 2002, 81（22）: 4121-4123.

[22]　Suzuki N, Tomita Y. Silica-nanoparticle-dispersed methacrylate photopolymers with net diffraction efficiency near 100%. Appl Opt, 2004, 43（10）: 2125-2129.

[23]　Sakhno O V, Goldenberg L M, Stumpe J, Smirnova T N. Effective volume holographic structures based on organic-inorganic photopolymer nanocomposites. J Opt A: Pure Appl Opt, 2009, 11（2）: 024013.

[24]　Sánchez C, Escuti M J, Van Heesch C, Bastiaansen C W M, Broer D J, Loos J, Nussbaumer R. TiO₂ nanoparticle-photopolymer composites for volume holographic recording. Adv Funct Mater, 2005, 15（10）: 1623-1629.

[25]　Hoyle C E, Bowman C N. Thiol-ene click chemistry. Angew Chem Int Ed, 2010, 49（9）: 1540-1573.

[26]　Fujii R, Guo J X, Klepp J, Pruner C, Fally M, Tomita Y. Nanoparticle polymer composite volume gratings incorporating chain transfer agents for holography and slow-neutron optics. Opt Lett, 2014, 39（12）: 3453-3456.

[27]　Guo J X, Fujii R, Ono T, Klepp J, Pruner C, Fally M, Tomita Y. Effects of chain-transferring thiol functionalities on the performance of nanoparticle-polymer composite volume gratings. Opt Lett, 2014, 39（23）: 6743-6746.

[28]　Lowe A B, Hoyle C E, Bowman C N. Thiol-yne click chemistry: A powerful and versatile methodology for materials synthesis. J Mater Chem, 2010, 20（23）: 4745-4750.

[29]　Peng H Y, Bi S G, Ni M L, Xie X L, Liao Y G, Zhou X P, Xue Z G, Zhu J T, Wei Y, Bowman C N, Mai Y W. Monochromatic visible light "photoinitibitor": Janus-faced initiation and inhibition for storage of colored 3D images. J Am Chem Soc, 2014, 136（25）: 8855-8858.

[30]　Peng H Y, Chen G N, Ni M L, Yan Y, Zhuang J Q, Roy V A L, Li R K, Xie X L. Classical photopolymerization kinetics, exceptional gelation, and improved diffraction efficiency and driving voltage in scaffolding morphological H-PDLCs afforded using a photoinitibitor. Polym Chem, 2015, 6（48）: 8259-8269.

第6章

全息高分子/液晶/纳米粒子复合材料

全息高分子/液晶/纳米粒子复合材料是通过全息光聚合诱导相分离原理制备的具有周期性有序结构的三元复合材料，它是在全息高分子/液晶复合材料的基础上发展起来的。一方面，全息高分子/液晶复合材料同时具有衍射特性和电光响应特性，但光学性能和电光响应性能的同步提升还存在诸多挑战[1-4]。另一方面，全息高分子/纳米粒子复合材料具有折射率调制度高、光散射损失低、尺寸稳定性好、衍射效率对光的偏振方向不敏感等优点，但缺乏电光响应特性[5]。因此，全息高分子/液晶/纳米粒子复合材料有望综合全息高分子/液晶复合材料和全息高分子/纳米粒子复合材料的优点，通过调控纳米粒子的空间分布，获得更加丰富的功能和更优的材料性能。例如，分布在富高分子相中的导电纳米粒子有利于降低驱动电压，提高复合材料的电光响应性能[6-8]；分布在富液晶相中的高折射率纳米粒子有利于降低光散射损失，提升复合材料的光学性能[9]。

本章重点介绍全息高分子/液晶/纳米粒子复合材料的成型原理、组成、分类与发展展望。

6.1 全息高分子/液晶/纳米粒子复合材料的成型原理 ◀◀◀

与全息高分子/液晶复合材料的成型原理相同，全息高分子/液晶/纳米粒子复合材料也是基于全息光聚合诱导相分离原理而制备的。将含光引发剂、单体、液晶和纳米粒子的分散液置于相干激光下曝光时，相干亮区中的光引发剂吸收光子、引发单体聚合而形成富高分子相，同时诱导液晶扩散至相干暗区形成富液晶相。由于光聚合反应消耗单体，在相干亮区与相干暗区之间产生了化学势差，促使相干暗区的单体向相干亮区扩散并参与相干亮区的光聚合反应。在单体和液晶的反向扩散过程中，纳米粒子也会选择性地定向扩散，扩散方向受其拓扑结构、尺寸和表面基团等因素的影响。

纳米粒子的分布显著影响全息高分子/液晶/纳米粒子复合材料的性能，这也为调控、优化复合材料的性能提供了有效途径。图 6-1 列举了表面修饰有不同基团的二氧化硅纳米粒子(SiO₂)、硫化锌纳米粒子(ZnS)和多面体低聚倍半硅氧烷(POSS)在全息高分子/液晶/纳米粒子复合材料中的典型分布情况。当纳米粒子表面含有可发生光聚合反应的基团时，纳米粒子与单体一样向相干亮区扩散，最终主要分布在富高分子相；当纳米粒子表面不含反应性基团时，纳米粒子既可能分布于富高分子相，也可能分布于富液晶相，主要取决于纳米粒子与高分子基体、液晶之间的相容性。同时，纳米粒子的尺寸也会影响其空间分布。由于液晶小分子的尺寸通常在 0.5～2 nm 之间，如果纳米粒子的尺寸较大，则难以与液晶一起扩散，有很大概率会留在富高分子相。通过电子显微镜直接观察[10,11]，或采用能量色散 X 射线光谱(EDX)分析[12,13]，或通过电光性能表征，可以直接或间接地确定纳米粒子在全息高分子/液晶/纳米粒子复合材料中的空间分布情况[9]。

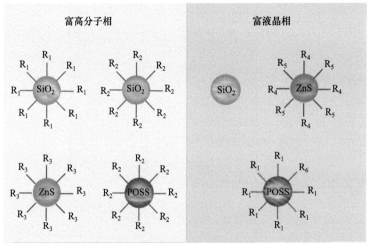

图 6-1   SiO₂、ZnS 和 POSS 纳米粒子在全息高分子/液晶/纳米粒子
复合材料中的典型分布情况示意图

R₁ 为烷基；R₂ 为丙烯酸酯基，R₃ 为巯基乙醇；R₄ 为己硫醇；R₅ 为 4-氰基-4′-(8-巯基辛氧基)联苯；R₆ 为伯胺

6.2   全息高分子/液晶/纳米粒子复合材料的组成 ◀◀◀

全息高分子/液晶/纳米粒子复合材料由高分子基体、液晶和纳米粒子组成，其原料是光引发剂、单体、液晶和纳米粒子。由于光引发剂、单体和液晶在第 4 章已作介绍，而本章所涉及的纳米粒子与第 5 章中讨论的纳米粒子在功能上有所差异，因此本章重点讨论纳米粒子的影响。

应用于全息高分子/液晶/纳米粒子复合材料的纳米粒子，一般需要重点考虑以下三个方面的性质：

（1）分散性。纳米粒子在单体和液晶复合体系中的均匀分散是制备全息高分子/液晶/纳米粒子复合材料的基础，也是影响材料性能的关键因素。此外，正如图 6-1 所示，如果纳米粒子-单体之间的相互作用强于纳米粒子-液晶之间的相互作用，则纳米粒子经过全息光聚合诱导相分离过程后主要分布在复合材料的富高分子相；反之，如果纳米粒子-单体之间的相互作用弱于纳米粒子-液晶之间的相互作用，纳米粒子经过全息诱导相分离过程后则主要分布在复合材料的富液晶相。因此，对纳米粒子进行表面改性，以强化纳米粒子与液晶的相互作用，是使纳米粒子分布在复合材料的富液晶相中的有效途径；反之，强化纳米粒子与单体的相互作用，甚至在纳米粒子表面引入可参与聚合反应的基团，可使纳米粒子分布在复合材料的富高分子相。

（2）电学性质。在全息高分子/液晶复合材料中引入纳米粒子，利用纳米粒子独特的电学性质可以提高全息高分子/液晶复合材料的电光响应性能。研究发现，当富高分子相的低频电导率远小于富液晶相的低频电导率时，作用于液晶微滴的局部电场强度（E_{LC}）越小[6,8]：

$$E_{LC} = E_{appl} \frac{3\sigma_P}{\sigma_{LC}} \qquad (6-1)$$

式中：E_{appl} 为外加电场强度；σ_P 和 σ_{LC} 分别为富高分子相和富液晶相的低频电导率。

从式（6-1）可以看出，提高富高分子相的低频电导率有利于提高液晶微滴的局部电场强度，进而降低驱动电压。为此，将导电纳米粒子调控到全息高分子/液晶/纳米粒子复合材料的富高分子相是一种有效策略。

（3）光学性质。向全息高分子/液晶/纳米粒子复合材料中引入具有独特光学性质的纳米粒子，也可以提高全息高分子/液晶复合材料的光学性能。由于全息高分子/液晶复合材料的衍射效率主要取决于富液晶相与富高分子相的折射率差值，因此选用与液晶相容性好的高折射率纳米粒子，并使其分布在富液晶相，可以增大富液晶相与富高分子相的折射率差值，从而提高全息高分子/液晶/纳米粒子复合材料的衍射效率。当然，选用低折射率纳米粒子，并使其分布在富高分子相，也可以达到类似的效果。

6.3　全息高分子/液晶/纳米粒子复合材料的分类 ◀◀◀

按照形貌维度，将纳米粒子分成三类：①零维纳米粒子，如球形或近似球形结构的富勒烯、多面体低聚倍半硅氧烷；②一维纳米粒子，如线状或棒状结构的碳纳米管、上转换纳米棒；③二维纳米粒子，如片状结构的石墨烯、蒙脱土纳米片。相应地，将全息高分子/液晶/纳米粒子复合材料分为三类：全息高分子/液晶/零维纳米粒子复合材料、全息高分子/液晶/一维纳米粒子复合材料和全息高分子/

液晶/二维纳米粒子复合材料,下面分别予以介绍。

6.3.1　全息高分子/液晶/零维纳米粒子复合材料

1. 全息高分子/液晶/富勒烯复合材料

富勒烯是 1985 年由美国莱斯大学 Kroto、Curl 和 Smalley 发现的[14],他们因此而获得了 1996 年诺贝尔化学奖[15]。它是继石墨和金刚石之后被发现的第三种碳单质(此后又发现了碳纳米管、石墨烯)。将富勒烯与高分子复合,可以显著提升高分子复合材料的电导率[6]。因此,将富勒烯分布在全息高分子/液晶/纳米粒子复合材料的富高分子相,有望提高富高分子相的电导率,从而降低全息高分子/液晶/富勒烯复合材料的驱动电压。

富勒烯 C_{60} 是由碳原子组成的中空分子,其分子结构是类似于足球形状的三十二面体,由 12 个五元环和 20 个六元环构成。2007 年,韩国釜山国立大学 Kim 等研究了 C_{60} 对全息高分子/液晶复合材料结构及性能的影响[6]。结果表明,添加 0.5 wt%或 1 wt%的 C_{60} 可使全息高分子/液晶/富勒烯复合材料的衍射效率提高约 5%。用甲醇浸泡 24 h 除去复合材料中的液晶后,采用扫描电镜观察复合材料的相分离结构,如图 6-2 所示,在复合材料中留下的孔洞代表液晶微滴。可以看出随着 C_{60} 添加量从 0 增加到 1 wt%,液晶微滴的尺寸逐渐减小。由图 6-3 可以看

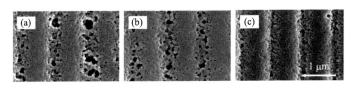

图 6-2　不同 C_{60} 含量时全息高分子/液晶/富勒烯复合材料的扫描电镜照片[6]

(a) 0 wt%;　(b) 0.5 wt%;　(c) 1 wt%

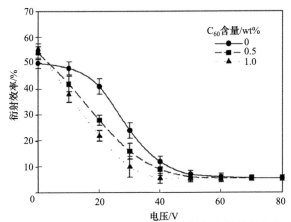

图 6-3　不同 C_{60} 含量下全息高分子/液晶/富勒烯复合材料的电光响应行为[6]

出，添加 C_{60} 也可显著降低全息高分子/液晶/富勒烯复合材料的驱动电压。

2. 全息高分子/液晶/二氧化硅纳米粒子复合材料

二氧化硅 (SiO_2) 是一种常见的非金属氧化物，具有稳定的物理性质和化学性质。SiO_2 纳米粒子的合成过程简便、方法成熟，且其粒径易于调节、表面结构易于调控，已广泛应用于高分子纳米复合材料[16]。在全息高分子/液晶复合材料中添加 SiO_2 纳米粒子，并调控 SiO_2 纳米粒子的空间分布，可调控全息高分子/液晶/SiO_2 纳米粒子复合材料的性能。

韩国釜山国立大学 Kim 等研究了纳米粒子的尺寸对全息高分子/液晶/SiO_2 纳米粒子复合材料结构及性能的影响[17]。结果表明，在全息高分子/液晶复合材料中添加含量为 10 wt%、粒径为 12 nm、低分子量聚（丙二醇）改性的 SiO_2 纳米粒子，显著抑制了全息高分子/液晶/SiO_2 纳米粒子复合材料的体积收缩，将衍射效率从 73%提高到 76%。这是因为，SiO_2 纳米粒子分布在全息高分子/液晶/SiO_2 纳米粒子复合材料的富高分子相，提高了富高分子相的模量，进而促进了复合体系的相分离。然而，添加相同含量但粒径为 7 nm 的 SiO_2 纳米粒子时，全息高分子/液晶/SiO_2 纳米粒子复合材料的衍射效率反而降低至 69%，这是因为小粒径 SiO_2 纳米粒子具有更大的流体动力学体积，导致复合体系黏度大幅提高，影响了全息记录过程中单体和液晶的扩散。

美国伊利诺伊大学香槟分校 Braun 等合成了平均粒径为 20 nm 的 SiO_2 纳米粒子，并采用三乙氧基戊基硅烷（PTES）、3-(三甲氧基硅基)甲基丙烯酸丙酯（MPTMS）对其进行表面改性，进而系统研究了表面性质不同的 SiO_2 纳米粒子在全息高分子/液晶复合材料中的空间分布情况[10]。从图 6-4 可以看出：未经表面修饰的 SiO_2 纳米粒子均匀分布在富液晶相中；三乙氧基戊基硅烷改性的 SiO_2 纳米粒子(PTES-SiO_2)主要分布于富高分子相，但呈团聚状态；3-(三甲氧基硅基)甲基丙烯酸丙酯改性的 SiO_2 纳米粒子(MPTMS-SiO_2)则均匀分布在富高分子相。

由于 SiO_2 纳米粒子在全息高分子/液晶/SiO_2 纳米粒子复合材料中的分布和分散状态不同，复合材料的衍射效率和电光响应行为也不同。实验结果表明：不含 SiO_2 纳米粒子的复合材料衍射效率为 81%；加入 PTES-SiO_2 影响了体系的相分离过程，导致全息高分子/液晶/SiO_2 纳米粒子复合材料衍射效率大幅降低；尽管未改性或 MPTMS 改性的 SiO_2 分布在复合材料中的不同相区，但由于 SiO_2 的折射率与高分子基体相近，因此它们对全息高分子/液晶/SiO_2 纳米粒子复合材料的衍射效率影响不大。从图 6-5 可以看出：虽然 PTES-SiO_2 团聚明显，但仍可降低高分子基体对液晶的锚定能，从而降低了复合材料的驱动电压；MPTMS-SiO_2 也降低了复合材料的驱动电压，但降低幅度不及 PTES-SiO_2。若从衍射效率和驱动电压的角度评价复合材料的性能，MPTMS-SiO_2 对复合材料的性能提升效果最佳。

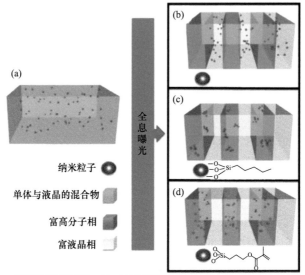

图 6-4   表面性质不同的 SiO₂ 纳米粒子在全息高分子/液晶/SiO₂ 纳米粒子
复合材料中的分布情况示意图[10]

(a)单体/液晶/纳米粒子的分散液；(b)未经表面修饰的 SiO₂ 在复合材料中的空间分布；(c)PTES 修饰的 SiO₂ 在复合材料中的空间分布；(d)MPTMS 修饰的 SiO₂ 在复合材料中的空间分布

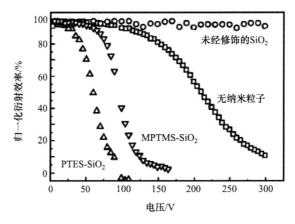

图 6-5   SiO₂ 纳米粒子对全息高分子/液晶复合材料电光响应行为的影响[10]

3. 全息高分子/液晶/硫化锌纳米粒子复合材料

硫化锌(ZnS)是一种高折射率(2.4)的无机半导体材料[18]。将 ZnS 纳米粒子加入全息高分子/液晶复合材料中，并调控 ZnS 纳米粒子的分布，有望获得具有不同特性的全息高分子/液晶/ZnS 纳米粒子复合材料。

华中科技大学解孝林团队合成了平均粒径约 5 nm、巯基乙醇改性的 ZnS 纳米粒子，并制备了全息高分子/液晶/ZnS 纳米粒子复合材料[12]。由于巯基乙醇与极性

单体 N,N-二甲基丙烯酰胺(DMAA)相互作用较强,因此巯基乙醇改性的 ZnS 纳米粒子可均匀分散在单体和液晶的复合体系中。经过全息光聚合诱导相分离过程后,该 ZnS 纳米粒子主要分布在全息高分子/液晶/ZnS 纳米粒子复合材料的富高分子相。从图 6-6 中可以看出,由于 ZnS 纳米粒子的电导率($>10^{-8}$ S/cm)远高于聚丙烯酸酯($<10^{-12}$ S/cm),分布在富高分子相的 ZnS 纳米粒子可提高高分子基体的电导率,进而有效地降低复合材料的驱动电压。当 ZnS 纳米粒子含量从 0 增加到 8 wt%时,复合材料的阈值电压从 11.6 V/μm 逐渐减小到 2.5 V/μm。此外,ZnS 纳米粒子含量改变时,全息高分子/液晶/ZnS 纳米粒子复合材料均保持了规整的光栅结构,因此其衍射效率均高于 90%(图 6-7)。

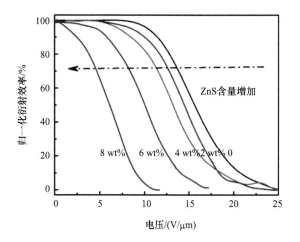

图 6-6　不同 ZnS 含量时全息高分子/液晶/ZnS 纳米粒子复合材料的电光响应行为[12]

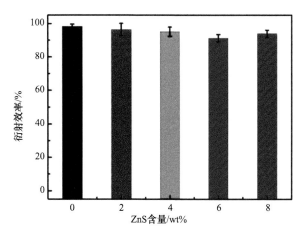

图 6-7　不同 ZnS 含量时全息高分子/液晶/ZnS 纳米粒子复合材料的衍射效率[12]

为进一步调控 ZnS 纳米粒子在全息高分子/液晶/ZnS 纳米粒子复合材料中的分

布，解孝林团队还制备了己硫醇和 4-氰基-4′-(8-巯基辛氧基)联苯液晶(8OCBSH)
共同改性的 ZnS 纳米粒子[9]。这种改性的 ZnS 纳米粒子具有液晶性，与向列相液
晶 P0616A 可形成稳定的液晶纳米溶胶(liquid crystalline nanocolloids)。在液晶纳米溶
胶中，ZnS 纳米粒子的含量可高达 42 wt%。从图 6-8 中可以看出：当这种改性的 ZnS
纳米粒子与 P0616A 的质量比从 0/33 增加到 6/27 时(注意：复合体系中 ZnS 纳米
粒子和液晶总质量不变)，复合材料的衍射效率基本不变(>90%)，但光散射损失
由 12.7%降至 5.3%；继续增加 ZnS/P0616A 质量比至 9/24 和 12/21 时，复合材料
的衍射效率分别显著下降至 73%和 63%，光散射损失则小幅度降低。分布在富液
晶相的 ZnS 纳米粒子也会限制液晶的电光响应性能(图 6-9)，因此综合考虑光学
性能和电光响应性能，当己硫醇和 8OCBSH 共同改性的 ZnS 纳米粒子与 P0616A
质量比为 6/27 时，全息高分子/液晶/ZnS 纳米粒子复合材料的性能达到最优。

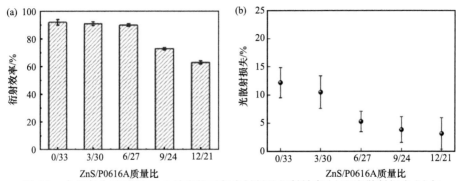

图 6-8   全息高分子/液晶/ZnS 纳米粒子复合材料的衍射效率(a)和光散射损失(b)与
ZnS/P0616A 质量比之间的关系[9]

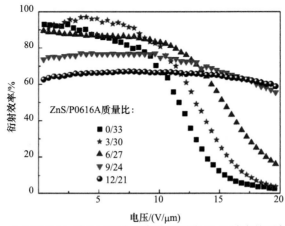

图 6-9   ZnS/P0616A 质量比对全息高分子/液晶/ZnS 纳米粒子复合材料
电光响应行为的影响情况[9]

4. 全息高分子/液晶/二氧化钛纳米粒子复合材料

与 ZnS 类似，二氧化钛 (TiO$_2$) 也是一种高折射率的无机半导体材料[19,20]。韩国釜山国立大学 Kim 等研究了全息高分子/液晶/TiO$_2$ 纳米粒子复合材料[21]。经计算，聚氨酯丙烯酸酯树脂、聚 (N-乙烯基吡咯烷酮) (PNVP)、液晶 E7 和 TiO$_2$ 纳米粒子的溶解度参数分别为 19.63 J$^{1/2}$/cm$^{3/2}$、24.60 J$^{1/2}$/cm$^{3/2}$、20.06 J$^{1/2}$/cm$^{3/2}$ 和 22.17 J$^{1/2}$/cm$^{3/2}$。通过调控聚氨酯丙烯酸酯预聚物 (PUA) 与 NVP 的共聚比例发现，PUA 与 NVP 的质量比为 1/1 和 1.5/1 时共聚物的溶解度参数分别为 23.67 J$^{1/2}$/cm$^{3/2}$ 和 23.34 J$^{1/2}$/cm$^{3/2}$，后者的溶解度参数与 TiO$_2$ 纳米粒子更为接近，有利于 TiO$_2$ 纳米粒子分布在复合材料的富高分子相。从图 6-10 中可以看出，PUA/NVP 共聚比为 1.5/1 时复合体系具有更高的感光灵敏度 (即在更短时间内达到衍射效率极值)，更有利于形成全息光栅结构。从图 6-11 中可以看出，TiO$_2$ 纳米粒子含量的增加提高了全息高分子/液晶/TiO$_2$ 纳米粒子复合材料中富高分子相的电导率，因此复合材料的驱动电压呈现下降的趋势，并且 PUA/NVP 共聚比为 1.5/1 时制备的复合材料具有更好的电光响应性能，即驱动电压更低。

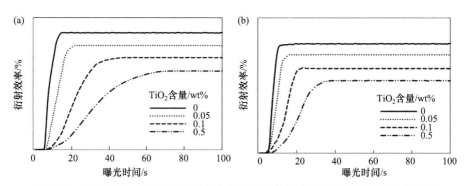

图 6-10　PUA/NVP 共聚比不同时复合材料的衍射效率与全息曝光时间的关系[21]

(a) 1/1；(b) 1.5/1

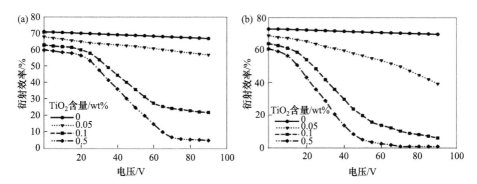

图 6-11　PUA/NVP 共聚比不同时复合材料的衍射效率与外加电压的关系[21]

(a) 1/1；(b) 1.5/1

5. 全息高分子/液晶/贵金属纳米粒子复合材料

在光波照射下，金属纳米粒子表面的自由电子能发生相对于金属晶格的集体相干振荡，这一现象被称为表面等离子共振(surface plasmon resonance, SPR)。因此，利用 Ag 纳米粒子和 Au 纳米粒子的表面等离子共振效应和导电特性[22-24]，可调控全息高分子/液晶复合材料的结构和性能。例如，上海大学郑继红等研究了全息高分子/液晶/Ag 纳米粒子复合材料[25]。在全息高分子/液晶复合材料中，添加含量为 0.05 wt%、平均粒径约 80 nm 的 Ag 纳米粒子，使液晶微滴的尺寸从 200 nm 减小到了 100 nm。同时，Ag 纳米粒子的表面等离子共振效应增强了其周围的电磁场，这两个因素的共同作用使复合材料的衍射效率从 50%提高到 95%，阈值电压也从 2.35 V/μm 降至 1.23 V/μm，开启时间 τ_{on} 从 750 μs 缩短至 150 μs。进一步的研究发现，在全息高分子/液晶复合材料中添加 50 nm 的 Ag 纳米粒子也可得到类似的效果[26,27]。

Au 纳米粒子对全息高分子/液晶复合材料性能的提升效果不及 Ag 纳米粒子，这是因为 Au、Ag 纳米粒子的最大吸收波长分别为 581 nm 和 530 nm，Ag 纳米粒子的最大吸收波长与全息光源的波长 532 nm 更接近，产生的表面等离子效应更加显著[28]。

6. 全息高分子/液晶/多面体低聚倍半硅氧烷复合材料

多面体低聚倍半硅氧烷(polyhedral oligomeric silsesquioxane, POSS)是一种分子尺度上的有机-无机杂化粒子[29,30]。得益于无机内核中 Si—O—Si 骨架，POSS 具有良好的机械性能和热稳定性。POSS 的分散性和反应活性可以通过改变 POSS 的取代基来调控，这为全息高分子/液晶/POSS 纳米复合材料的结构设计与性能调控提供了有利条件。

韩国昌原国立大学 Jung 等研究了全息高分子/液晶/八乙烯基 POSS 纳米复合材料[31]。引入八乙烯基 POSS 可以提高复合体系的聚合反应速率和感光灵敏度，但过快的聚合反应会使液晶分子被包裹在高分子网络中，导致相分离程度不高。当八乙烯基 POSS 含量为 3 wt%时，复合材料仍保持规整的周期性结构；但当八乙烯基 POSS 含量进一步增加至 7 wt%后，富高分子相也出现了除去液晶时留下的孔洞(图 6-12)。当八乙烯基 POSS 含量为 3wt%时，复合材料的衍射效率达到最大值 80%，与其微观结构相符。POSS 的表面能相对较低，加入八乙烯基 POSS 可以降低高分子基体对液晶的锚定作用，从而降低全息高分子/液晶/POSS 复合材料的驱动电压。

图 6-12　不同八乙烯基 POSS 含量时全息高分子/液晶/POSS 复合材料的扫描电镜照片[31]

(a) 0 wt%；(b) 3 wt%；(c) 7 wt%

解孝林团队研究了三种 POSS 对全息高分子/液晶/POSS 复合材料的影响[13]。这三种 POSS 分别简称为八双键 POSS、单双键 POSS 和单氨基 POSS，其分子结构如图 6-13 (a) 所示。八双键 POSS 和单双键 POSS 含有光反应性基团，能够参与聚合反应，应当分布于富高分子相；单氨基 POSS 含有极性较强的氨基，与极性较强的液晶分子之间具有更强的相互作用，应当分布于富液晶相[图 6-13 (b)]。采用能量色散 X 射线光谱（EDX）分析了富高分子相的元素组成，发现加入八双键 POSS 和单双键 POSS 的样品在正己烷处理后仍具有较高的 Si 含量，而不加 POSS 和加入单氨基 POSS 的样品在正己烷处理后几乎检测不到 Si 的信号（图 6-14），说明八双键 POSS 和单双键 POSS 确实主要分布于富高分子相，单氨基 POSS 则主要分布于富液晶相。

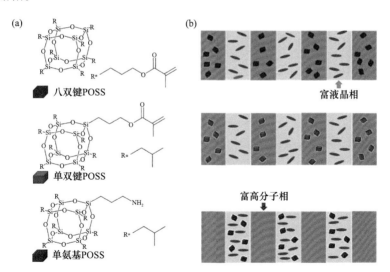

图 6-13　(a) 八双键 POSS、单双键 POSS 和单氨基 POSS 的分子结构；(b) 三种全息高分子/液晶/POSS 复合材料的相分离结构示意图[13]

将全息高分子/液晶/POSS 纳米复合材料中 Si 元素的含量固定为 0.86 wt%，比较三种 POSS 对复合材料性能的影响，结果见表 6-1。加入八双键 POSS 后，复合材料的衍射效率从 94% 下降至 50%，阈值电压降低但饱和电压升高，对比度从 5.4

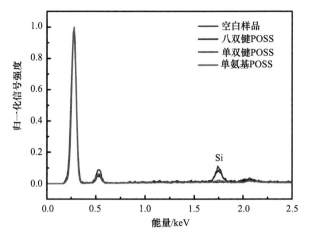

图 6-14　复合材料中富高分子相 Si 信号强度对比[13]

大幅降低至 1.3，弛豫时间 (τ_{off}) 从 4.5 ms 大幅延长至 12.0 ms。加入单双键 POSS 对复合材料的衍射效率、弛豫时间及对比度等性能影响不大，但会增大复合材料的驱动电压。单氨基 POSS 的引入则可略微提高复合材料的衍射效率至 97%，降低弛豫时间至 3.0 ms，并将对比度从 5.4 大幅提升至 20.0。台湾工业技术研究院 Jeng 等研究发现，将氨基或苯基 POSS 与向列相液晶共混，可使液晶分子在无取向层的情况下沿着垂直于液晶盒表面的方向排列[32,33]。同理，单氨基 POSS 分布在富液晶相，加强了液晶分子垂直于高分子基体表面的取向作用力，从而大幅提高了复合材料电光响应的对比度，同时也提高了复合材料的衍射效率和响应速度。由于需要更强外力作用来改变液晶分子的取向，复合材料的驱动电压有所升高。

表 6-1　全息高分子/液晶/POSS 复合材料的衍射效率和电光响应性能
(材料中的 Si 含量固定为~0.86 wt%)[13]

参数	无 POSS	八双键 POSS	单双键 POSS	单氨基 POSS
衍射效率/%	94	50	94	97
阈值电压/V	48.7	29.6	64.0	64.3
饱和电压/V	85.4	98.2	110.9	95.0
弛豫时间/ms	4.5	12.0	6.5	3.0
对比度	5.4	1.3	6.4	20.0

6.3.2　全息高分子/液晶/一维纳米粒子复合材料

1. 全息高分子/液晶/碳纳米管复合材料

1991 年，日本物理学家、化学家 Iijima 发现了碳纳米管 (carbon nanotube,

CNT)[34]。CNT 可分为单壁碳纳米管（SWCNT）和多壁碳纳米管（MWCNT）。SWCNT 可以看作仅由单层石墨薄片卷曲而成，MWCNT 则是由几层到几十层石墨片同轴卷绕而成的无缝同心圆柱。CNT 具有高导电、高机械强度等优点，已广泛应用于高分子基纳米复合材料中[35]。

2010 年，韩国昌原国立大学 Jung 等研究了全息高分子/液晶/MWCNT 复合材料[36]。将 MWCNT 添加到 PUA 中会使体系黏度先降低后升高，体系黏度在 MWCNT 含量为 0.05 wt%时达到最低。当 MWCNT 添加量小于 0.1 wt%时，复合体系黏度小于空白样的黏度，这一现象与爱因斯坦所推导的黏度-固含量模型不符[37]。可能的原因是，MWCNT 插入 PUA 低聚物链，破坏了原有的氢键作用。较低的黏度有利于全息光聚合诱导相分离。因此，加入 0.05 wt%的 MWCNT 可以使复合材料的衍射效率从 60%上升至 80%，但进一步提高 MWCNT 的添加量会使衍射效率下降。不含 MWCNT 的复合材料电光响应能力较弱，MWCNT 的引入可以改善电光响应性能。当 MWCNT 含量为 0.05 wt%时，复合材料的对比度达到最大值（图 6-15）。

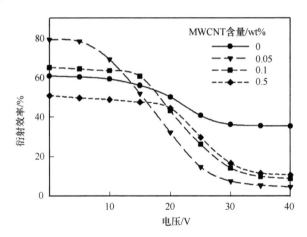

图 6-15 不同 MWCNT 含量时全息高分子/液晶/MWCNT 复合材料的衍射效率与外加电压的关系[36]

韩国釜山国立大学 Kim 等研究了两种表面状态不同的 CNT 对全息高分子/液晶/CNT 复合材料的影响[7]。这两种 CNT 分别为未经修饰的多壁碳纳米管（pristine-CNT）和采用异氰酸烯丙酯修饰的多壁碳纳米管（CNT-C═C）。复合材料的微观形貌如图 6-16 所示：当 pristine-CNT 或 CNT-C═C 的添加量为 0.6 wt%时，富液晶相的宽度均显著增大，表明相分离程度得到提高；当进一步增加 CNT 含量时，富液晶相宽度减小，表明相分离程度下降。当 pristine-CNT 或 CNT-C═C 的添加量为 0.6 wt%时，复合材料的衍射效率达到最大，且添加了 CNT-C═C 的复合材料衍射效率更高

（图 6-17）。此外，添加 pristine-CNT 和 CNT-C≡C 均可以降低复合材料的驱动电压。

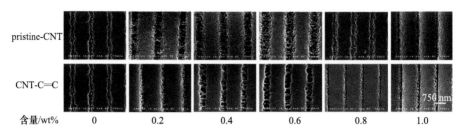

图 6-16　不同 pristine-CNT 或 CNT-C≡C 含量时全息高分子/液晶/CNT 复合材料的扫描电镜照片[7]

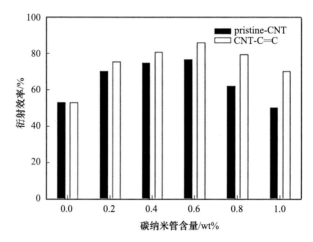

图 6-17　全息高分子/液晶/CNT 复合材料的衍射效率与 pristine-CNT 或 CNT-C≡C 含量的关系[7]

美国爵硕大学 Shriyan 和 Fonteccbio 研究了氧化多壁碳纳米管（oxide multiwalled carbon nanotube，OMWCNT）对全息高分子/液晶/CNT 复合材料的影响[38,39]，结果表明引入 OMWCNT 同样可以降低驱动电压，但无法提高衍射效率。

2. 全息高分子/液晶/上转换纳米棒复合材料

上转换发光是一种反斯托克斯发光，即在长波长光源激发下，上转换材料辐射短波长的光。镧系离子掺杂的上转换纳米材料具有丰富的发光颜色[40-42]、可控的晶体形貌[43-45]和易修饰的表面结构，已广泛应用于防伪[46,47]、光动力学治疗[48-50]、荧光成像[51]等领域。

解孝林团队合成了镧系离子掺杂的上转换纳米棒（UCNR），并制备了全息高分子/液晶/上转换纳米棒复合材料[11]。采用一维棒状结构的上转换纳米材料主要基于以下两个方面的考虑：①棒状结构有利于克服上转换纳米材料的表面猝灭效应,从而提高发光强度;②棒状结构可以避免纳米粒子的紧密堆积,减少对复合体系相分离的影响。首先分析了上转换纳米棒的长径比的影响。固定液晶和上转换纳米棒含量分别为 33 wt%和 15 wt%,增大上转换纳米棒长径比,复合材料的衍射效率呈下降趋势。当上转换纳米棒的长径比达到 9.1 时,衍射效率仍保持在 80%以上;进一步增大上转换纳米棒的长径比至 12.6 时,衍射效率降低至 57%(图 6-18)。进一步探究上转换纳米棒含量的影响,发现当上转换纳米棒的添加量低于 15 wt%时,复合材料的衍射效率可维持在 90%以上,光散射损失维持在 16%以下;进一步提高上转换纳米棒的添加量,将导致衍射效率下降,光散射损失快速上升(图 6-19)。

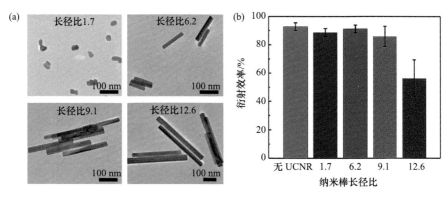

图 6-18　(a)不同长径比时上转换纳米棒的透射电镜照片;(b)全息高分子/液晶/上转换纳米棒复合材料的衍射效率与纳米棒长径比的关系[11]

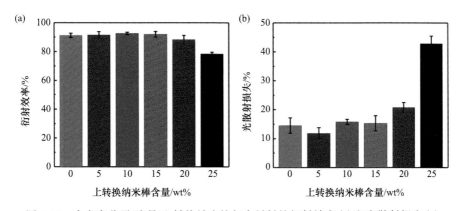

图 6-19　全息高分子/液晶/上转换纳米棒复合材料的衍射效率(a)和光散射损失(b)与上转换纳米棒含量的关系[11]

利用全息高分子/液晶/上转换纳米棒复合材料可以实现双重防伪。图 6-20(a)~(d)给出了在日光灯下观察到的全息图,图像清晰。而在 980 nm 近红外光照射下,只有在全息高分子/液晶/上转换纳米棒复合材料中才能观察到上转换发光

[图 6-20(e)～(h)]。图 6-20(f)～(h)分别采用三种上转换纳米棒，实现了红、绿、蓝三种颜色的上转换发光。上转换发光需要通过专用设备(近红外光源)才能观察，有利于信息加密，实现双重防伪。

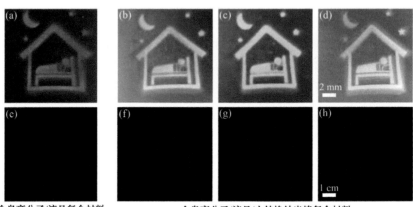

图 6-20   (a)～(d)在日光灯下观察的全息图；(e)～(h)在 980 nm 近红外光照射下的上转换发光照片[(e)图无发光][11]

6.3.3   全息高分子/液晶/二维纳米粒子复合材料

1. 全息高分子/液晶/蒙脱土复合材料

台湾中原大学 Lee 等研究了全息高分子/液晶/蒙脱土复合材料[52]。采用的蒙脱土为 PK-802[分子式为 $Na_{0.89}(Al_{3.11}Mg_{0.89})(Si_8)O_{20}(OH)_4 \cdot 1.75H_2O$，简称为 MMT]和 2-十一烷基-1$H$-咪唑-1-丙腈改性的 PK-802(简称为 OMMT)。研究发现，虽然 OMMT 在液晶中的分散性优于未改性的 MMT，但是 OMMT 会破坏液晶织构(图 6-21)。用偏光显微镜观察复合材料的相分离结构，发现含 MMT 复合材料的相分离程度高于含 OMMT 的复合材料。加入 MMT 能提升复合材料的衍射效率，加入 OMMT 反而会降低衍射效率。

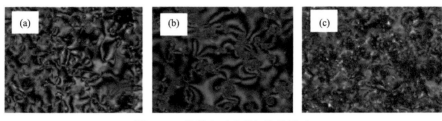

图 6-21   蒙脱土对液晶织构的影响
(a)纯液晶；(b)含 1 wt% MMT 的液晶；(c)含 1 wt% OMMT 的液晶[52]

2. 全息高分子/液晶/石墨烯复合材料

2004 年，英国曼彻斯特大学物理学家 Geim 和 Novoselov 首次利用机械剥离法得到石墨烯(graphene)[53]，并因此获得 2010 年诺贝尔物理学奖[54]。石墨烯具有折射率高、导电性优异、机械强度高、电子迁移率高和比表面积大等优点，已广泛应用于高分子基纳米复合材料领域[55-57]。

通常，石墨烯须采用有机官能团修饰后才能均匀分散在单体和液晶中。氧化石墨烯(graphene oxide, GO)是石墨烯的氧化物，因其表面具有大量含氧官能团(如羟基、羧基、环氧基)而易化学修饰。韩国釜山国立大学 Kim 等采用异氰酸烯丙酯对 GO 进行表面修饰，制得了改性的氧化石墨烯(MGO)，并制备了全息高分子/液晶/MGO 复合材料[8]。与 MWCNT 一样，加入少量 MGO 可以降低体系黏度(图 6-22)。当 MGO 含量为 0.05 wt%时，体系黏度最低，有利于相分离，因此对应复合材料的衍射效率也最高；当 MGO 的含量进一步增加时，复合体系的黏度上升，不利于相分离，导致衍射效率下降，但仍高于不含 MGO 的样品(图 6-23)。图 6-24 给出了全息高分子/液晶/MGO 复合材料的微观形貌图：与空白样品相比，含 0.05 wt%和 0.10 wt% MGO 的复合材料中富液晶相的宽度增加，表明相分离得以提升；当 MGO 的含量增加至 0.25 wt%时，复合体系黏度的升高导致组分扩散受阻，抑制了相分离，使富液晶相宽度减小。MGO 表面的异氰酸烯丙酯官能团可参与光聚合反应，通过共价键与高分子网络连接后分布于富高分子相。因此，MGO 的加入提高了富高分子相的电导率，从而降低了驱动电压(图 6-23)。

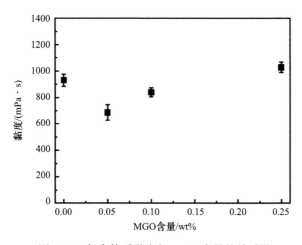

图 6-22　复合体系黏度与 MGO 含量的关系[8]

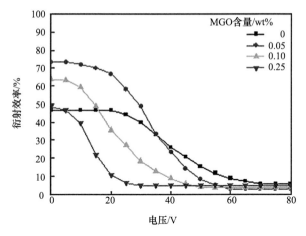

图 6-23   MGO 含量不同时全息高分子/液晶/MGO 复合材料的衍射效率与电压的关系[8]

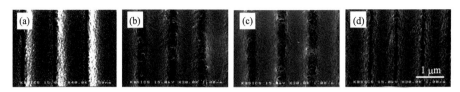

图 6-24   不同 MGO 含量下全息高分子/液晶/MGO 复合材料的扫描电镜照片[8]
(a) 0 wt%；(b) 0.05 wt%；(c) 0.10 wt%；(d) 0.25 wt%

6.4   全息高分子/液晶/纳米粒子复合材料的发展展望 ◂◂◂

与全息高分子/液晶复合材料一样，全息高分子/液晶/纳米粒子复合材料在光学防伪、3D 图像存储、分布反馈式激光器、传感器、动态增益均衡器等领域具有广阔的应用前景。后者通过纳米粒子添加，赋予了全息高分子纳米复合材料更优异的电光响应性能。未来的全息高分子/液晶/纳米粒子复合材料将向多功能化方向发展，例如，引入上转换纳米棒就赋予了全息高分子/液晶/纳米粒子复合材料的双重防伪功能。随着科学技术的快速发展，未来将涌现出更多的功能性纳米材料，研究开发出多功能、电光响应型全息高分子/液晶/纳米粒子复合材料也会成为重要的研究方向。此外，向复合体系中加入纳米粒子通常会导致体系黏度上升，不利于相分离，这对高性能、多功能全息高分子/液晶/纳米粒子复合材料的制备是个重要挑战。因此，如何降低复合体系的黏度、优化相分离结构也需要加以重视和研究。

参 考 文 献

[1]　Bunning T J, Natarajan L V, Tondiglia V P, Sutherland R L. Holographic polymer-dispersed liquid crystals (H-PDLCs). Annu Rev Mater Sci, 2000, 30 (1): 83-115.

[2]　Peng H Y, Bi S G, Ni M L, Xie X L, Liao Y G, Zhou X P, Xue Z G, Zhu J T, Wei Y, Bowman C N, Mai Y-W. Monochromatic visible light "photoinitibitor": Janus-faced initiation and inhibition for storage of colored 3D images. J Am Chem Soc, 2014, 136 (25): 8855-8858.

[3]　倪名立, 彭海炎, 解孝林. 全息聚合物分散液晶的结构调控与性能. 高分子学报, 2017, 48 (10): 1557-1573.

[4]　Smith D M, Li C Y, Bunning T J. Light-directed mesoscale phase separation via holographic polymerization. J Polym Sci Part B: Polym Phys, 2014, 52 (3): 232-250.

[5]　Ni M L, Peng H Y, Liao Y G, Yang Z F, Xue Z G, Xie X L. 3D image storage in photopolymer/ZnS nanocomposites tailored by "photoinitibitor". Macromolecules, 2015, 48 (9): 2958-2966.

[6]　Woo J Y, Kim E H, Kim B K. Dual effects of fullerene doped to holographic polymer dispersed liquid crystals. J Polym Sci Part A: Polym Chem, 2007, 45 (23): 5590-5596.

[7]　Sun K R, Kim B K. Effects of multiwalled carbon nanotube on holographic polymer dispersed liquid crystal. Polym Adv Technol, 2011, 22 (12): 1993-2000.

[8]　Jang M W, Kim B K. Low driving voltage holographic polymer dispersed liquid crystals with chemically incorporated graphene oxide. J Mater Chem, 2011, 21 (48): 19226-19232.

[9]　Peng H Y, Yu L, Chen G N, Xue Z G, Liao Y G, Zhu J T, Xie X L, Smalyukh, I I, Wei Y. Liquid crystalline nanocolloids for the storage of electro-optic responsive images. ACS Appl Mater Interfaces, 2019, 11 (8): 8612-8624.

[10]　Busbee J D, Juhl A T, Natarajan L V, Tongdilia V P, Bunning T J, Vaia R A, Braun P V. SiO$_2$ nanoparticle sequestration via reactive functionalization in holographic polymer-dispersed liquid crystals. Adv Mater, 2009, 21 (36): 3659-3662.

[11]　Zhang X M, Yao W J, Zhou X P, Wu W, Liu Q K, Peng H Y, Zhu J T, Smalyukh I I, Xie X L. Holographic polymer nanocomposites with simultaneously boosted diffraction efficiency and upconversion photoluminescence. Compos Sci Technol, 2019, 181: 107705.

[12]　Ni M L, Chen G N, Sun H W, Peng H Y, Yang Z F, Liao Y G, Ye Y S, Yang Y K, Xie X L. Well-structured holographic polymer dispersed liquid crystals by employing acrylamide and doping ZnS nanoparticles. Mater Chem Front, 2017, 1 (2): 294-303.

[13]　Ni M L, Chen G N, Wang Y, Peng H Y, Liao Y G, Xie X L. Holographic polymer nanocomposites with ordered structures and improved electro-optical performance by doping POSS. Composites Part B, 2019, 174: 107045.

[14]　Kroto H W, Heath J R, O'brien S C, Curl R F, Smalley R E. C$_{60}$: Buckminsterfullerene. Nature, 1985, 318 (6042): 162-163.

[15]　Curl R F, Kroto H W, Smalley R E. The discovery of carbon atoms bound in the form of a ball is rewarded. https:// www.nobelprize.org/prizes/chemistry/1996/press-release/[2020-04-02].

[16]　Zou H, Wu S S, Shen J. Polymer/silica nanocomposites: Preparation, characterization, properties, and applications. Chem Rev, 2008, 108 (9): 3893-3957.

[17] Kim E H, Woo J Y, Kim B K. Nanosized-silica-reinforced holographic polymer-dispersed liquid crystals. Macromol Rapid Commun, 2006, 27（7）：553-557.

[18] Lü C L, Cheng Y R, Liu Y F, Liu F, Yang B. A facile route to ZnS-polymer nanocomposite optical materials with high nanophase content via γ-ray irradiation initiated bulk polymerization. Adv Mater, 2006, 18（9）：1188-1192.

[19] Lee L H, Chen W C. High-refractive-index thin films prepared from trialkoxysilane-capped poly（methyl methacrylate）-titania materials. Chem Mater, 2001, 13（3）：1137-1142.

[20] Sakai N, Ebina Y, Takada K, Sasaki T. Electronic band structure of titania semiconductor nanosheets revealed by electrochemical and photoelectrochemical studies. J Am Chem Soc, 2004, 126（18）：5851-5858.

[21] Shim S S, Woo J Y, Jeong H M, Kim B K. High dielectric titanium dioxide doped holographic PDLC. Soft Mater, 2009, 7（2）：93-104.

[22] Kelly K L, Coronado E, Zhao L L, Schatz G C. The optical properties of metal nanoparticles: The influence of size, shape, and dielectric environment. J Phys Chem B, 2003, 107（3）：668-677.

[23] Jain P K, Huang X H, El-Sayed I H, El-Sayed M A. Noble metals on the nanoscale: Optical and photothermal properties and some applications in imaging, sensing, biology, and medicine. Accounts Chem Res, 2008, 41（12）：1578-1586.

[24] Willets K A, Van Duyne R P. Localized surface plasmon resonance spectroscopy and sensing. Annu Rev Physi Chem, 2007, 58: 267-297.

[25] Zhang M H, Zheng J H, Gui K, Wang K N, Guo C H, Wei X P, Zhuang S L. Electro-optical characteristics of holographic polymer dispersed liquid crystal gratings doped with nanosilver. Appl Opt, 2013, 52（31）：7411-7418.

[26] 张梦华, 郑继红, 唐平玉, 郭彩虹, 王康妮. 纳米银掺杂的高效率全息聚合物分散液晶光栅制备. 光学学报, 2013, 33（1）：0105002.

[27] 王康妮, 郑继红, 桂坤, 张梦华, 郭彩虹, 韦晓鹏. 纳米银掺杂的液晶/聚合物全息光栅中的表面等离子体共振. 激光与光电子学进展, 2014, 51（2）：021603.

[28] Wang K N, Zheng J H, Gui K, Li D P, Zhuang S L. Improvement on the performance of holographic polymer-dispersed liquid crystal gratings with surface plasmon resonance of Ag and Au nanoparticles. Plasmonics, 2015, 10（2）：383-389.

[29] Wang F K, Lu X H, He C B. Some recent developments of polyhedral oligomeric silsesquioxane（POSS）-based polymeric materials. J Mater Chem, 2011, 21（9）：2775-2782.

[30] Cordes D B, Lickiss P D, Rataboul F. Recent developments in the chemistry of cubic polyhedral oligosilsesquioxanes. Chem Rev, 2010, 110（4）：2081-2173.

[31] Kim E H, Myoung S W, Lee W R, Jung Y G. Electro-optical properties of holographic PDLC containing polyhedral oligomeric silsesquioxane. J Korean Phys Soc, 2009, 54（3）：1180-1186.

[32] Jeng S C, Kuo C W, Wang H L, Liao C C. Nanoparticles-induced vertical alignment in liquid crystal cell. Appl Phys Lett, 2007, 91（6）：061112.

[33] Hwang S J, Jeng S C, Yang C Y, Kuo C W, Liao C C. Characteristics of nanoparticle-doped homeotropic liquid crystal devices. J Phys D: Appl Phys, 2009, 42（2）：025102.

[34] Iijima S. Helical microtubules of graphitic carbon. Nature, 1991, 354（6348）：56-58.

[35] Xie X L, Mai Y W, Zhou X P. Dispersion and alignment of carbon nanotubes in polymer matrix: A review. Mater Sci Eng R, 2005, 49（4）：89-112.

[36] Kim E H, Lee J H, Jung Y G, Paik U. Enhancement of electro-optical properties in holographic

polymer-dispersed liquid crystal films by incorporation of multiwalled carbon nanotubes into a polyurethane acrylate matrix. Polym Int, 2010, 59 (9): 1289-1295.

[37]　Mackay M E, Dao T T, Tuteja A, Ho D L,Van Horn B, Kim H-C, Hawker C J. Nanoscale effects leading to non-Einstein-like decrease in viscosity. Nat Mater, 2003, 2 (11): 762-766.

[38]　Shriyan S K, Fontecchio A K. Electro-optical effects of oxidized multi walled carbon nanotube doping on holographic polymer dispersed liquid crystal films. Proc SPIE, 2009, 7414: 37-44.

[39]　Shriyan S K, Fontecchio A K. Analysis of effects of oxidized multiwalled carbon nanotubes on electro-optic polymer/liquid crystal thin film gratings. Opt Express, 2010, 18 (24): 24842-24852.

[40]　Han S Y, Qin X, An Z F, Zhu Y H, Liang L L, Han Y, Huang W, Liu X G. Multicolour synthesis in lanthanide-doped nanocrystals through cation exchange in water. Nat Commun, 2016, 7: 13059.

[41]　Wang F, Liu X G. Upconversion multicolor fine-tuning: Visible to near-infrared emission from lanthanide-doped NaYF$_4$ nanoparticles. J Am Chem Soc, 2008, 130 (17): 5642-5643.

[42]　Deng R R, Qin F, Chen R F, Huang W, Hong M H, Liu X G. Temporal full-colour tuning through non-steady-state upconversion. Nat Nanotechnol, 2015, 10 (3): 237-242.

[43]　Wang F, Han Y, Lim C S, Lu Y H, Wang J, Xu J, Chen H Y, Zhang C, Hong M H, Liu X G. Simultaneous phase and size control of upconversion nanocrystals through lanthanide doping. Nature, 2010, 463 (7284): 1061-1065.

[44]　Zhang Y H, Zhang L X, Deng R R, Tian J, Zong Y, Jin D Y, Liu X G. Multicolor barcoding in a single upconversion crystal. J Am Chem Soc, 2014, 136 (13): 4893-4896.

[45]　Yao C, Wang W X, Wang P Y, Zhao M Y, Li X M, Zhang F. Near-infrared upconversion mesoporous cerium oxide hollow biophotocatalyst for concurrent pH-/H$_2$O$_2$-responsive O$_2$-evolving synergetic cancer therapy. Adv Mater, 2018, 30 (7): 1704833.

[46]　Lee J, Bisso P W, Srinivas R L, Kim J J, Swiston A J, Doyle P S. Universal process-inert encoding architecture for polymer microparticles. Nat Mater, 2014, 13 (5): 524-529.

[47]　Zhao J B, Jin D Y, Schartner E P, Lu Y Q, Liu Y J, Zvyagin A V, Zhang L X, Dawes J M, Xi P, Piper J A, Goldys E M, Monro T M. Single-nanocrystal sensitivity achieved by enhanced upconversion luminescence. Nat Nanotechnol, 2013, 8 (10): 729-734.

[48]　Xu J T, Yang P P, Sun M D, Bi H T, Liu B, Yang D, Gai S L, He F, Lin J. Highly emissive dye-sensitized upconversion nanostructure for dual-photosensitizer photodynamic therapy and bioimaging. ACS Nano, 2017, 11 (4): 4133-4144.

[49]　Qiu H L, Tan M L, Ohulchanskyy T Y, Lovell J F, Chen G Y. Recent progress in upconversion photodynamic therapy. Nanomaterials, 2018, 8 (5): 344.

[50]　Dai Y L, Xiao H H, Liu J H, Yuan Q H, Ma P A, Yang D M, Li C X, Cheng Z Y, Hou Z Y, Yang P P, Lin J. *In vivo* multimodality imaging and cancer therapy by near-infrared light-triggered *trans*-platinum pro-drug-conjugated upconverison nanoparticles. J Am Chem Soc, 2013, 135 (50): 18920-18929.

[51]　Li Z Q, Zhang Y, Jiang S. Multicolor core/shell-structured upconversion fluorescent nanoparticles. Adv Mater, 2008, 20 (24): 4765-4769.

[52]　Chang Y M, Tsai T Y, Huang Y P, Cheng W S, Lee W. Polymer-encapsulated liquid crystals comprising montmorillonite clay. J Opt A: Pure Appl Opt, 2009, 11 (2): 024018.

[53]　Novoselov K S, Geim A K, Morozov S V, Jiang D, Zhang Y, Dubonos S V, Grigorieva I V, Firsov A A. Electric

field effect in atomically thin carbon films. Science, 2004, 306 (5696): 666-669.

[54] Geim A, Novoselov K. Graphene—the perfect atomic lattice. https://www.nobelprize.org/prizes/physics/2010/press-release/[2019-10-15].

[55] Kuilla T, Bhadra S, Yao D H, Kim N H, Bose S, Lee J H. Recent advances in graphene based polymer composites. Prog Polym Sci, 2010, 35 (11): 1350-1375.

[56] Kim H, Abdala A A, Macosko C W. Graphene/polymer nanocomposites. Macromolecules, 2010, 43 (16): 6515-6530.

[57] Zhang G Y, Zhang H, Zhang X R, Zhu S J, Zhang L, Meng Q N, Wang M Y, Li Y F, Yang B. Embedding graphene nanoparticles into poly (N,N-dimethylacrylamine) to prepare transparent nanocomposite films with high refractive index. J Mater Chem, 2012, 22 (39): 21218-21224.

第7章

二阶反应型全息高分子材料

全息高分子材料的大规模工业化应用不仅要求材料性能优异，也要求材料具有良好的尺寸稳定性，并易于加工。美国杜邦公司生产的 HRF 系列全息高分子材料采用高分子黏合剂将单体固定[1,2]，因此具有良好的尺寸稳定性。但这类全息高分子材料的成型需要使用大量的溶剂，易产生对环境有污染的挥发性有机物，且全息记录后还需要通过热处理来提高材料的折射率调制度。为解决这一问题，二阶反应型全息高分子材料应运而生。顾名思义，二阶反应型全息高分子材料的制备过程分为两个反应阶段，当这两个反应阶段相互独立、互不干扰时，对应的全息高分子材料被称为正交二阶反应型全息高分子材料[3,4]。二阶反应型全息高分子材料在全息光学元件[5]、高密度数据存储[6,7]、全息图像存储[8]、传感器[9]等领域展现出广阔的应用前景。

本章将介绍二阶反应型全息高分子材料的成型原理、组成与制备、表征、结构调控与性能、应用和发展展望。

7.1 二阶反应型全息高分子材料的成型原理 ‹‹‹

图 7-1(a)给出了一种非正交二阶反应型全息高分子材料的成型原理示意图，第一阶段反应是单体的热聚合，生成高分子基体，第二阶段的反应是剩余单体的全息光聚合，形成全息光栅结构。图 7-1(b)给出了一种正交二阶反应型全息高分

图 7-1　二阶反应型全息高分子材料的成型原理示意图
(a)非正交二阶反应型；(b)正交二阶反应型

子材料的成型原理示意图。这种正交二阶反应型全息高分子材料的原料包含三类单体，第一阶段的反应是单体 1 和单体 2 的共聚反应，形成交联型高分子基体，第二阶段反应是分散在高分子骨架中的单体 3 发生全息光聚合，形成全息光栅结构。由于体系化学势的变化，相干暗区的单体 3 会向相干亮区扩散，并参与聚合反应。

7.2　二阶反应型全息高分子材料的组成与制备 <<<

　　非正交和正交二阶反应型全息高分子材料的制备原理不同，其组成和制备工艺也不同。非正交二阶反应型全息高分子材料主要是菲醌-聚甲基丙烯酸甲酯体系；而正交二阶反应型全息高分子材料的体系相对更加丰富，如环氧/乙烯基单体体系、聚氨酯/丙烯酸酯体系、硫醇-丙烯酸酯/硫醇-烯丙基醚体系和硫醇-丙烯酸酯/硫醇-炔丙基醚体系。值得注意的是，聚二甲基硅氧烷/二苯甲酮体系有些特殊，第一阶段是聚二甲氧基硅烷交联形成高分子网络，第二阶段并未发生聚合反应，而是光敏剂二苯甲酮在相干激光照射下发生光化学偶联。由于这两个阶段的反应机理不同，一般可以将聚二甲基硅氧烷/二苯甲酮体系归入正交二阶反应型全息高分子材料。

7.2.1　菲醌–聚甲基丙烯酸甲酯体系

　　聚甲基丙烯酸甲酯(PMMA)俗称有机玻璃，折射率一般为 1.49，玻璃化温度(T_g)约为 105 ℃。PMMA 在可见光波段的透光率高达 92%，广泛应用于光学领域。将偶氮二异丁腈(AIBN)、菲醌(PQ)溶于甲基丙烯酸甲酯(MMA)单体中(图 7-2)，经过两个反应阶段可制备非正交二阶反应型 PQ-PMMA 全息高分子材料。

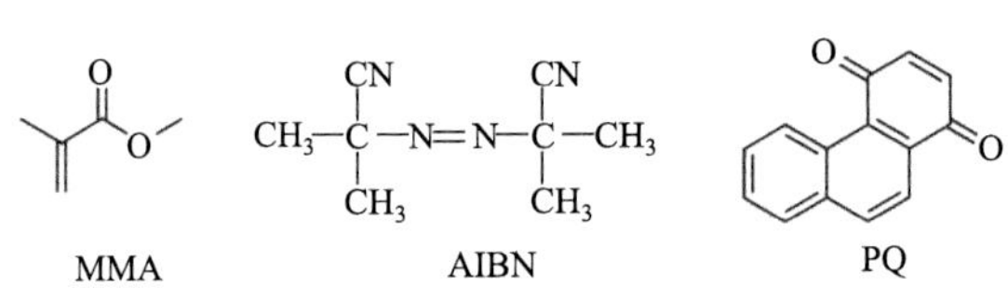

图 7-2　菲醌-聚甲基丙烯酸甲酯体系中各组分的化学结构

　　PQ-PMMA 全息高分子材料的典型制备工艺如下[10]：将 MMA、AIBN 和 PQ 在避光条件下混合均匀，然后倒入长宽均为 1 cm、厚度 1～25 mm 的玻璃器皿中，在室温下缓慢反应约 120 h，使 AIBN 分解产生的氮气以及聚合放出的热量及时排出，避免产生气泡。然后，在 45 ℃下继续反应 24 h，将约 90% 的单体 MMA 聚合成 PMMA，完成第一阶段的聚合反应，形成尺寸稳定的高分子基体。在第二阶段，PQ 在相干激光的照射下，引发相干亮区剩余的 MMA 进行光聚合反应，形成全息光栅结构。

PQ-PMMA 全息高分子材料的优点是原料廉价易得、制备工艺简便，并且体积收缩率小、尺寸稳定，因此应用广泛[8,11,12]，但缺点是折射率调制度较低。

7.2.2 环氧/乙烯基单体体系

环氧与有机胺在室温下可发生亲核加成反应，结合与该反应正交的乙烯基单体自由基聚合反应，可以制备正交二阶反应型全息高分子材料。例如，美国莱斯大学 Colvin 等以 1,4-丁二醇缩水甘油醚、二乙烯三胺、N-乙烯基咔唑、N-乙烯基吡咯烷酮和光引发剂 Irgacure 784 为原料（图 7-3），制备了环氧/乙烯基单体全息高分子材料[13]。第一阶段反应是 1,4-丁二醇缩水甘油醚与二乙烯三胺在室温下的亲核加成反应，形成低折射率的交联高分子网络；第二阶段是光引发下的 N-乙烯基咔唑和 N-乙烯基吡咯烷酮自由基链式聚合反应，形成全息光栅结构。

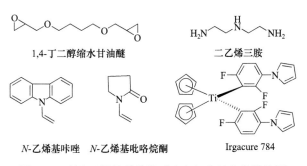

1,4-丁二醇缩水甘油醚   二乙烯三胺

N-乙烯基咔唑   N-乙烯基吡咯烷酮   Irgacure 784

图 7-3 环氧/乙烯基单体体系中各组分的化学结构[13]

交联的高分子在高于 T_g 的温度下也能保持较好的尺寸稳定性。因此，设计正交二阶反应型全息高分子材料时，需重点考虑参与第一阶段聚合反应中单体的平均官能团数和官能团数之比，使其聚合后能够形成交联网络。环氧与有机胺的加成聚合反应属于逐步聚合，能否形成交联网络取决于凝胶点单体转化率（α_{gel}）。α_{gel} 可通过 Flory-Stockmayer 方程计算得到[14,15]：

$$\alpha_{gel} = \frac{1}{\sqrt{r_{AB}(f_A - 1)(f_B - 1)}} \tag{7-1}$$

式中：r_{AB} 为反应官能团 A、B 的官能团数之比（$r_{AB} \leqslant 1$）；f_A 为官能团 A 的平均官能团数；f_B 为官能团 B 的平均官能团数。当 α_{gel} 的计算值大于 1 时，体系不能形成交联网络；当 α_{gel} 小于 1 时，理论上可以形成交联的高分子网络。

7.2.3 聚氨酯/丙烯酸酯体系

聚氨酯的工业化生产技术已经成熟，原料来源广泛，反应条件较为温和。同样，丙烯酸酯的工业化产品种类丰富。因此，聚氨酯/丙烯酸酯全息高分子材料的工业化生产和应用条件成熟，发展迅速。聚氨酯/丙烯酸酯正交二阶反应型全息高分子材料以多元醇、异氰酸酯、光引发剂和丙烯酸酯单体为原料，第一阶段反应为多元醇和异氰酸酯的亲核加成反应，第二阶段反应为丙烯酸酯的自由基链式聚合反应。

美国科罗拉多大学博尔德分校 McLeod 和 Bowman 合作开发了一种聚氨酯/丙烯酸酯全息高分子材料[16]，材料中各组分的化学结构如图 7-4 所示。其中多元醇和异氰酸酯的官能团数分别为 2 和 3，两者的官能团数之比为 1:1，可形成交联高分子网络。为提高折射率调制度，他们采用了高折射率丙烯酸酯单体 TBPA($n=$ 1.62)和 BPTPA($n=1.60$)(图 7-4)。光引发剂则选用了引发效率较高的 I 型光引发剂 2,4,6-三甲基苯甲酰基二苯基氧化膦(TPO)。材料的具体制备过程如下：先将丙烯酸酯单体、TPO 及多元醇在避光条件下混合均匀，再加入异氰酸酯，并继续混合均匀。将上述材料涂覆于支撑基材(如载玻片)表面，并用垫片控制厚度，再盖上另一载玻片。将该材料置于 70 ℃的环境中反应约 12 h，使多元醇与异氰酸酯尽量反应完全，形成第一阶段的交联高分子网络。第二阶段反应为 TBPA 或 BPTPA 单体在相干激光照射下的全息光聚合反应，形成全息光栅结构。聚氨酯/丙烯酸酯正交二阶反应型全息高分子材料已有较为成熟的工业化产品，如德国拜耳公司推出的 Bayfol@HX 系列全息高分子材料[17-19]。

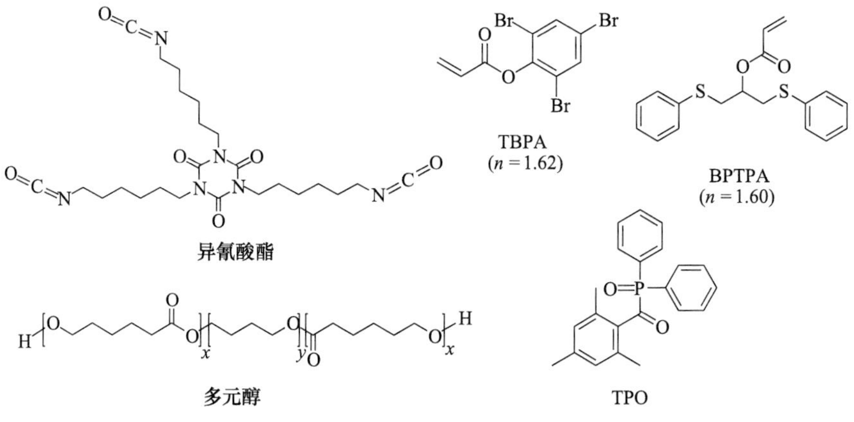

图 7-4   聚氨酯/丙烯酸酯体系中各组分的化学结构[16]

7.2.4　硫醇-丙烯酸酯/硫醇-烯丙基醚体系

根据烯烃单体中双键电子云密度的不同，可将硫醇-烯烃点击化学反应分为正交的阴离子反应和自由基反应(图 7-5)。当烯烃的双键与吸电子基团相邻时(如丙烯酸酯)，双键上的电子云密度较低，导致双键容易被亲核试剂进攻。在碱催化下，硫醇变为硫负离子，继而进攻缺电子烯烃，发生硫醇-迈克尔加成反应。然而，无论烯烃是否缺电子，都能进行自由基的硫醇-烯烃加成反应，且烯烃双键的电子云密度越高，对自由基反应越有利。Bowman 等认为，硫醇-迈克尔加成反应符合点击化学反应特征，但硫醇与丙烯酸酯发生自由基加成反应时，难以避免丙烯酸酯单体发生均聚，因此不符合点击化学反应的定义[4]。当烯烃的双键与非吸电子基团相邻时(如烯丙基醚)，硫醇与烯烃的反应主要通过自由基加成反应完成，烯烃均聚反应可以忽略，符合点击化学反应的特征。

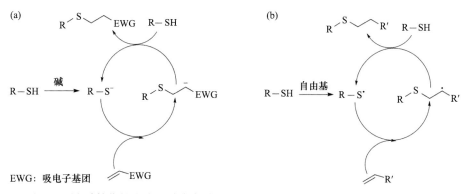

图 7-5　(a)碱催化的硫醇-迈克尔加成反应；(b)自由基诱导的硫醇-烯烃加成反应[4]

Bowman 等利用硫醇-迈克尔加成反应与硫醇-烯烃自由基加成反应的正交关系，设计了一种正交二阶反应型全息高分子材料[5]。该材料以硫醇、丙烯酸酯、烯丙基醚以及光引发剂为原料，第一阶段反应是硫醇-丙烯酸酯在碱催化下的加成反应，形成高分子网络，第二阶段反应是硫醇-烯丙基醚的自由基加成反应，形成全息光栅结构。如图 7-6 所示，所使用的硫醇为三羟甲基丙烷三(3-巯基丙酸酯)(TMPTMP)，丙烯酸酯为二(三羟甲基丙烷)四丙烯酸酯(DTPTA)，光引发剂为 TPO，烯丙基醚包括 1,3,5-三烯丙基-1,3,5-三嗪-2,4,6(1H,3H,5H)三酮(TATATO)和 9-[2,3-双(烯丙氧基)丙基]-9H-咔唑(BAPC)。BAPC 在室温下为液体，且折射率较高(n=1.61)。硫醇-丙烯酸酯/硫醇-烯丙基醚正交二阶反应型全息高分子材料制备过程如图 7-7 所示：①先将硫醇、丙烯酸酯、烯丙基醚和光引发剂在 45 ℃水浴条件下混合均匀；②加入三乙胺引发第一阶段硫醇与丙烯酸酯的加成反应，将丙烯酸酯消耗完全，得到含有过量硫醇、烯丙基醚和光引发剂的交联网络；③在相干激光的照射下，通过自由基引发的硫醇-烯丙基醚加成反应实现全息记录；

④采用紫外光对全息高分子材料进行均匀曝光，使交联网络中未反应的官能团反应完全，从而提高全息高分子材料的长期存储稳定性。

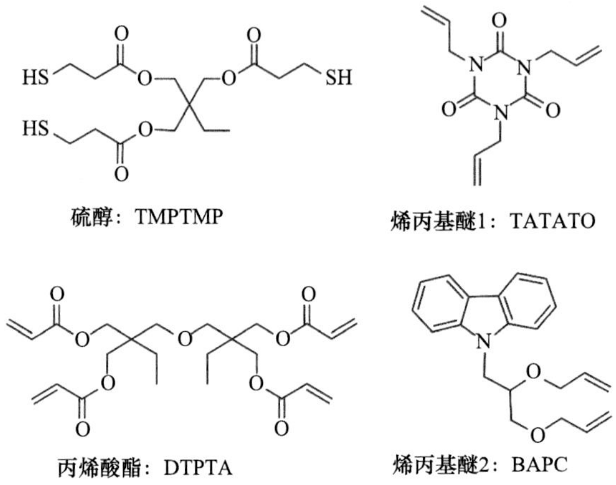

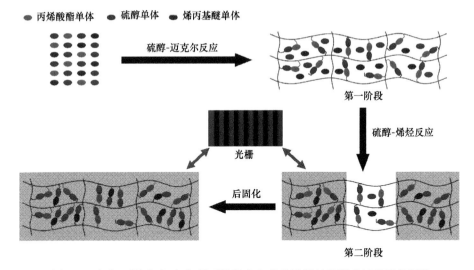

图 7-6   硫醇-丙烯酸酯/硫醇-烯丙基醚体系中单体的化学结构[5]

图 7-7   硫醇-丙烯酸酯/硫醇-烯丙基醚全息高分子材料的制备过程示意图[5]

7.2.5   硫醇−丙烯酸酯/硫醇−炔丙基醚体系

硫醇-炔烃(thiol-yne)加成反应由于具备点击化学反应特征而备受关注[20]。在硫醇-炔烃加成反应中，一个炔基可与两个巯基加成，因此一个炔基的官能团数计为 2。与硫醇-烯烃加成反应相比，硫醇-炔烃加成反应形成的高分子网络具有更高的交联密度和硫含量，因此折射率更高，有利于提高全息高分子材料的折射率调制度。

在硫醇-丙烯酸酯/硫醇-烯丙基醚全息高分子材料的研究基础上，Bowman 等进一步开发了一种正交二阶反应型的硫醇-丙烯酸酯/硫醇-炔丙基醚全息高分子材料[7]。材料的制备过程如图 7-8 所示：①将 TMPTMP、DTPTA、高折射率咔唑类炔烃 POETEC 和 TPO 混合均匀后，加入弱碱三乙胺引发 TMPTMP 与 DTPTA 进行硫醇-迈克尔加成反应；②剩余的硫基和炔烃 POETEC 通过光引发的自由基反应实现全息记录；③利用紫外光对薄膜进行后固化，将全息图固定。

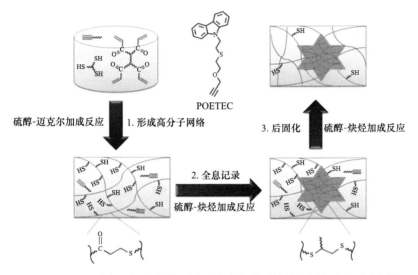

图 7-8　硫醇-丙烯酸酯/硫醇-炔丙基醚全息高分子材料的制备过程示意图[7]

7.2.6　聚二甲基硅氧烷/二苯甲酮体系

聚二甲基硅氧烷(PDMS)具有优异的耐候性、透光性、耐高低温性，已被应用于透镜[21]、衍射光栅[22,23]、波导管[24]、激光器[25]等光学元器件中。二苯甲酮(BP)具有较高的光化学反应活性以及适中的摩尔消光系数，是一种常用的光引发剂。PDMS 具有较低的折射率(1.41)，而 BP 的折射率较高(1.60)，有助于产生折射率差异。2016 年，德国夫琅和费应用聚合研究所 Sakhno 等报道了 PDMS/BP 正交二阶反应型全息高分子材料[9]。首先,将线型 PDMS 分子、交联剂、催化剂和 BP(2 wt%)混合均匀,加热固化形成第一阶段的交联网络。第二阶段反应为相干激光照射下的光反应。在相干亮区，BP 分子吸收光子跃迁至单线态激发态，再经过系间窜越变成三线态激发态。处于三线态激发态的 BP 分子具有较强的夺氢能力，通过夺取 PDMS 中甲基的氢原子生成二苯甲醇自由基。二苯甲醇自由基与碳自由基发生偶联，将高折射率的二苯甲醇基团与高分子链通过共价键相连[图 7-9(a)]。在全息记录过程中,相干亮区的 BP 分子被消耗,相干暗区的 BP 分子扩散到相干亮区,产生具有折射率调制的全息光栅结构[图 7-9(b)]。

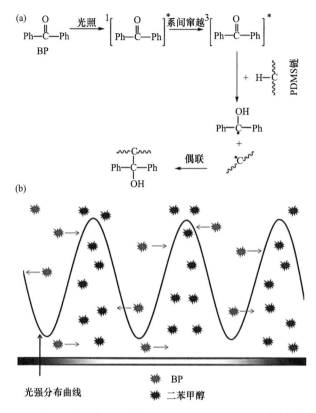

图 7-9　(a)BP 分子通过光化学反应与高分子链相连的过程；(b)全息光栅结构的
形成过程示意图[9]

7.3　二阶反应型全息高分子材料的表征　◀◀◀

　　二阶反应型全息高分子材料的表征，除了使用第 1~6 章提及的光学性能表征方法以外，还需分别表征两个阶段中材料的组成及材料性能。本章着重介绍两个方法：一是用于表征两个阶段中单体转化率的实时傅里叶变换红外光谱（RT-FTIR），二是用于表征两个阶段中材料玻璃化温度、模量及交联密度的动态热机械分析（DMA）。

7.3.1　实时傅里叶变换红外光谱

　　在分子中，化学键或官能团的原子处于不断振动的状态。当采用红外光照射分子时，化学键或官能团发生振动，并吸收特定频率的红外光，进而引起分子振动能级或转动能级的跃迁。光谱仪记录红外光谱的变化，从而反映官能团浓度的变化。根据朗伯-比尔定律，红外光谱中某一特征吸收峰的峰面积与对应官能团的浓度成正比。因此，根据反应过程中吸收峰峰面积的变化可计算官能团的转化率。RT-FTIR 是配有分光器及 MCT 检测器（mercury cadmium telluride 的英文缩写，即 Hg-Cd-Te 半导体光电检测器）的红外光谱仪，可进行快速实时光谱扫描，从而实现对光聚合反应的实时监测。

以硫醇-丙烯酸酯/硫醇-烯丙基醚全息高分子材料的动力学表征为例，利用 RT-FTIR 同时监测样品在 2570 cm^{-1}、810 cm^{-1} 和 3084 cm^{-1} 处吸收峰的变化，对应地计算硫醇、丙烯酸酯和烯丙基醚的官能团转化率（图 7-10）[5]。加入催化剂三乙胺后，硫醇与丙烯酸酯发生加成反应，因此二者的官能团转化率随着时间的增加逐渐升高。烯丙基醚不参与这一阶段反应，其吸收峰（3084 cm^{-1}）基本不变。光照开始后，光引发剂分解产生的自由基引发硫醇与烯丙基醚的自由基加成反应，该反应很快，在 2 min 之内基本完成。最终，硫醇的官能团转化率达到 75%，丙烯酸酯的官能团转化率接近 100%，烯丙基醚的官能团转化率达到 85%。

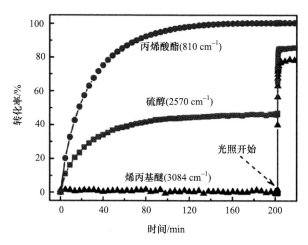

图 7-10　利用 RT-FTIR 实时监测硫醇-丙烯酸酯/硫醇-烯丙基醚正交反应动力学行为[5]

7.3.2　动态热机械分析

DMA 可以表征材料的热性能和力学性能。针对二阶反应型全息高分子材料，可利用 DMA 监测材料的储能模量和损耗正切随温度的变化曲线，进而获得材料的玻璃化温度、交联密度等性能参数。

同样以硫醇-丙烯酸酯/硫醇-烯丙基醚全息高分子材料为例[5]，利用 DMA 分别表征两个阶段反应完成后材料的储能模量（图 7-11）和损耗正切（图 7-12）。损耗正切（tanδ）达到最大值所对应的温度即材料的玻璃化温度（T_g）。损耗正切随温度变化曲线的半峰宽(FWHM)与交联网络的均匀性有关,FWHM越小,则交联网络越均匀。一般地,取温度为(T_g+30) K 时材料的储能模量为其橡胶态储能模量(E')。根据橡胶态弹性理论,材料的交联密度(CD)可通过式(7-2)计算得到[26]

$$CD = \frac{E'}{2(1+\mu)RT} \tag{7-2}$$

式中:T 为橡胶态储能模量对应的热力学温度[取(T_g+30) K];R 为摩尔气体常量;μ 为泊松比(材料横向应变与纵向应变的比值)。对于不可压缩的固体材料,μ 取 0.5。当硫醇(TMPTMP)、丙烯酸酯(DTPTA)、烯丙基醚(TATATO 及 BAPC)的官能团数之比为 2.1∶1.0∶1.1 时,在第一阶段反应完成后,全息高分子材料的 T_g 为 −14 ℃,E' 为 3 MPa,高分子网络的交联密度为 0.5 mol/L;第二阶段反应完成后,T_g 升高至 16 ℃,E' 增加至 8 MPa,交联密度增大至 1.1 mol/L。

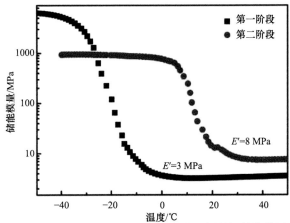

图 7-11   硫醇-丙烯酸酯/硫醇-烯丙基醚全息高分子材料的储能模量-温度曲线[5]

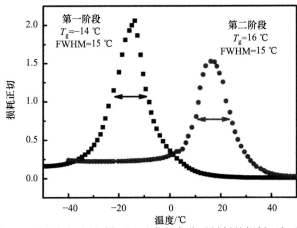

图 7-12   硫醇-丙烯酸酯/硫醇-烯丙基醚全息高分子材料的损耗正切-温度曲线[5]

二阶反应型全息高分子材料的结构调控与性能 ◀◀◀

　　第一阶段反应中，单体结构、聚合反应温度、剩余单体含量都会影响高分子网络的交联密度、玻璃化温度，进而影响第二阶段的单体扩散速率及光聚合反应速率。在第二阶段反应中，单体和光引发剂的结构及含量是影响光聚合反应的直接因素，进而影响全息高分子材料的折射率调制度和感光灵敏度。

7.4.1　第一阶段高分子基体的影响

　　改变环氧/乙烯基单体正交二阶反应型全息高分子材料中有机胺和环氧的官能团数之比，可以改变第一阶段高分子交联网络的密度，进而调控材料的性能。以美国莱斯大学 Colvin 等报道的环氧/乙烯基单体全息高分子材料为例[13]，当亚胺/环氧官能团数之比为 1∶1 时，高分子网络的交联密度达到最大，增加二者的比例将会降低高分子网络的交联密度。当亚胺/环氧官能团数之比在 1.5～2.0 之间时，全息高分子材料的动态存储范围最高(图 7-13)。当亚胺/环氧官能团数之比为 1.5 时，全息高分子材料的存储稳定性最优。

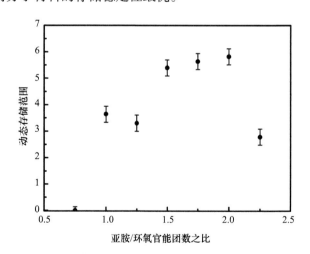

图 7-13　动态存储范围与亚胺/环氧官能团数之比的关系[13]

　　为提高硫醇-丙烯酸酯/硫醇-烯丙基醚全息高分子材料的性能，有必要优化第一阶段高分子网络的交联密度[5]。如图 7-14 所示，当烯丙基醚/丙烯酸酯官能团数之比为 0.3 时，烯丙基醚在第二阶段的光聚合反应中的转化率仅为 40%。而当烯丙基醚/丙烯酸酯官能团数之比在 0.7～1.9 之间时，第二阶段烯丙基醚的官能团转化率可达 70%以上。通过式 (7-2) 计算可知，当烯丙基醚/丙烯酸酯官能团数之比从 0.3 增加到 1.9 时，第一阶段高分子网络的交联密度从 1.47 mol/L 降至 0.04 mol/L。增加烯丙基醚的含量可以降低第一阶段高分子网络的交联密度，从而有利于烯丙基醚在第二阶段聚合反应中的扩散。图 7-15 给出了烯丙基醚/丙烯酸酯官能团数之比对全息高分子材料衍射效率的影响。当烯丙基醚/丙烯酸酯官能团数之比为 0.3 时，无法获得全息光栅，衍射效率为 0，可能的原因是 TATATO 含量太低，且较密的交联网络限制了 TATATO 的扩散。当烯丙基醚/丙烯酸酯官能团数之比从 0.3 增加到 1.1 时，衍射效率从 0 增加至 (17±2)%。说明随着第一阶段高分子网络交联密度的降低，TATATO 可以扩散到相干亮区参与反应，进而与相干暗区

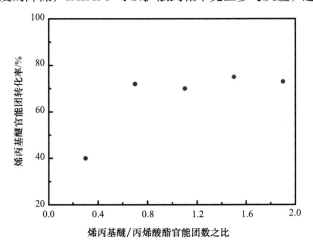

图 7-14   烯丙基醚/丙烯酸酯官能团数之比对第二阶段烯丙基醚官能团转化率的影响[5]

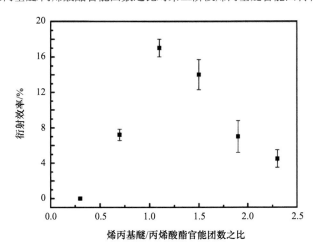

图 7-15   烯丙基醚/丙烯酸酯官能团数之比对全息高分子材料衍射效率的影响[5]

形成折射率差异。随着烯丙基醚/丙烯酸酯官能团数之比进一步增加,衍射效率下降。可能是因为 TATATO 含量过高,而相干亮区与之反应的硫醇数量不足,过量的 TATATO 残留在相干暗区,进而降低了相干亮区与相干暗区之间的折射率差异。需要指出的是,由于 DTPTA 和 TATATO 的折射率差异不大(分别为 1.48 和 1.51),材料的折射率调制度不高,因此需要引入高折射率的烯丙基醚来提高折射率调制度。

7.4.2　第二阶段光聚合反应的影响

1. 单体的影响

第二阶段光聚合反应生成高分子,其折射率与第一阶段形成的高分子基体应具有较大的折射率差异,才能促进全息高分子材料的性能提升。经典的洛伦兹-洛伦茨方程揭示了折射率与高分子结构之间的关系[27]:

$$\frac{n^2-1}{n^2+2}=\frac{[R]}{V_u} \tag{7-3}$$

式中:n 为折射率;$[R]$ 为摩尔折射率;V_u 为高分子重复单元的体积。根据式(7-3),可以得出高分子折射率 n 与 $[R]$ 及 V_u 之间的关系式:

$$n=\sqrt{\frac{1+2[R]/V_u}{1-[R]/V_u}} \tag{7-4}$$

由式(7-4)可知,在单体中引入高摩尔折射率和低摩尔体积的取代基,可增加单体及对应高分子的折射率[28]。表 7-1 给出了常见的原子或基团的摩尔折射率。

表 7-1　常见原子/基团的摩尔折射率 $[R]$ [27]

原子/基团	$[R]$	原子/基团	$[R]$
—H	1.100	(C)—S(Ⅳ)—(C)	6.980
—Cl	6.045	(C)—S(Ⅵ)—(C)	5.340
(—C=O)—Cl	6.336	(O)—N=(C)	3.901
—Br	8.897	(C)—N=(C)	4.100
—I	13.900	N—N=(C)	3.460
—F	0.898	>C<	2.418
—O—(H)	1.525	—CH₂—	4.711
—O—	1.643	—CN	5.528
=O	2.270	—NC	6.136
—O—O—	4.035	C=C	1.733
(C)—S(Ⅱ)—(C)	7.800	C≡C	2.336

续表

原子/基团	[R]	原子/基团	[R]
五元环	0.040	八元环	−0.470
七元环	−0.100	十五元环	−0.620

　　引入芳香族基团、卤族元素（氟除外）、硫元素等都可提高单体及对应高分子的折射率。一些含大 π 共轭结构的高分子具有较高的折射率[29-31]，但含大 π 共轭结构的单体溶解困难，且在可见光区域的透光率较低，限制了它们在全息高分子材料中的应用。设计与合成溶解性好、可见光区吸收低的高折射率单体，是提高二阶反应型全息高分子材料折射率调制度的有效手段。Bowman 等设计并合成了一种高折射率的烯丙基醚单体：9-(2,3-双（烯丙氧基）丙基)-9H-咔唑（BAPC，n=1.61），并将其用于硫醇-丙烯酸酯/硫醇-烯丙基醚全息高分子材料中[5]。前面提到，当硫醇、丙烯酸酯、烯丙基醚的官能团数之比为 2.1∶1.0∶1.1 时，全息高分子材料的衍射效率最高。固定这一官能团数之比，并逐渐将部分 TATATO 替换为 BAPC，可获得高性能全息高分子材料。当 BAPC 的含量从 0 增加到 9 wt%时，全息高分子材料的衍射效率从（17±2）%升高至（82±4）%。然而当 BPAC 的含量进一步增加到 15 wt%时，衍射效率反而降至（63±12）%（图 7-16）。

　　McLeod 和 Bowman 等还合成了折射率达 1.60 的丙烯酸酯单体 1,3-二苯硫基-2-丙烯酸酯（BPTPA），并应用于聚氨酯/丙烯酸酯全息高分子材料中[16]。BPTPA 单体中柔性硫醚键抑制了分子的 π-π 堆积，显著提高了分子的溶解能力。因此，BPTPA 单体的添加量可达 60 wt%。相比之下，TBPA 单体的最高添加量仅为 30 wt%（图 7-17）。基于 BPTPA 单体，McLeod 和 Bowman 等制得了折射率调制度达 0.029 的聚氨酯/丙烯酸酯全息高分子材料。

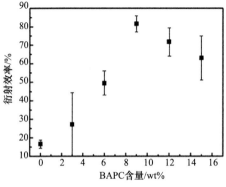

图 7-16　硫醇-丙烯酸酯/硫醇-烯丙基醚全息高分子材料的衍射效率与高折射率单体 BAPC含量之间的关系[5]

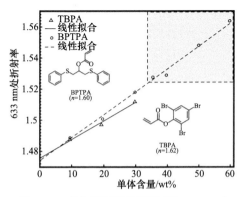

图 7-17　高分子网络的折射率与 TBPA 或BPTPA 单体含量的关系[16]

美国加州大学圣塔芭芭拉分校 Hawker 等合成了支化度不同的丙烯酸酯单体 (图 7-18)，并研究了丙烯酸酯单体支化度对聚氨酯/丙烯酸酯全息高分子材料性能的影响[32]。结果表明，单体的折射率随丙烯酸酯单体支化度的增加而升高。然而，含单体 3 的全息高分子材料性能最优。可能原因是，虽然单体 4 的折射率最高，

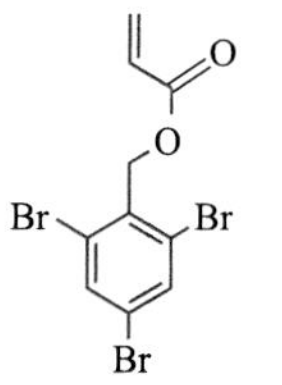

单体1
$n=1.614$

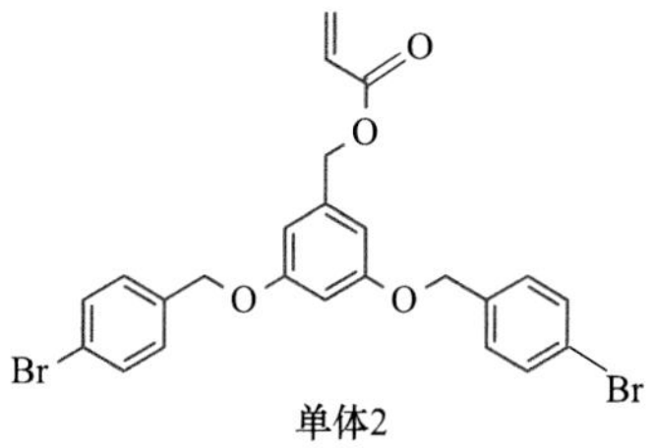

单体2
$n=1.616$

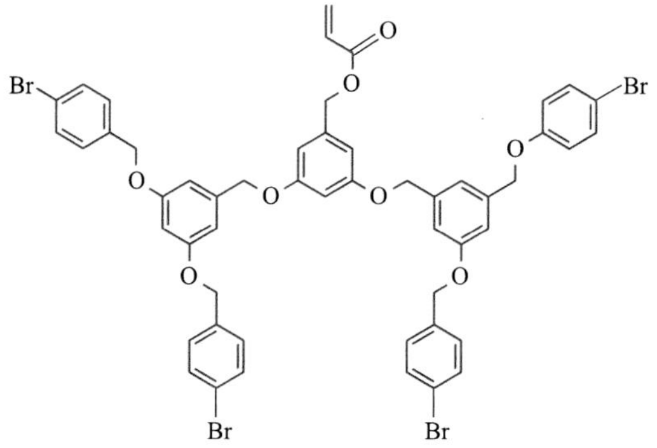

单体3
$n=1.647$

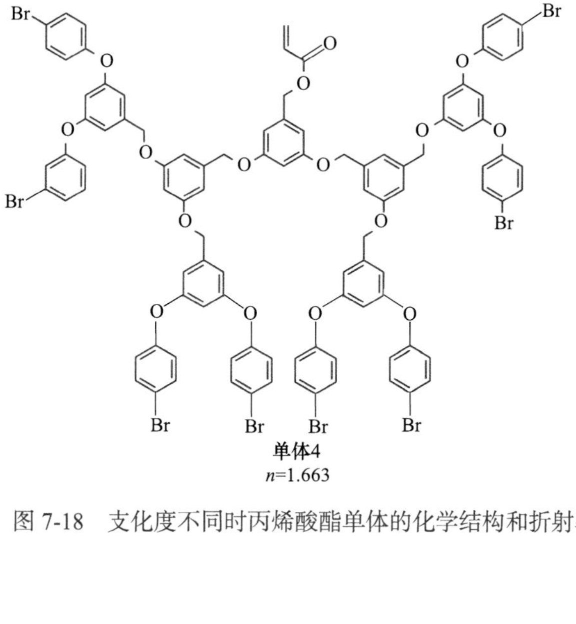

单体4
$n=1.663$

图 7-18　支化度不同时丙烯酸酯单体的化学结构和折射率(n)[32]

但其分子体积较大，阻碍了单体在全息记录过程中向相干亮区的扩散。含单体 3 的聚氨酯/丙烯酸酯全息高分子材料具有较高的动态存储范围（～10），感光灵敏度为 0.46 cm/mJ，体积收缩率仅为 0.04%。

使用高反应活性的丙烯酸酯单体也能提高聚氨酯/丙烯酸酯全息高分子材料的性能。德国卡尔斯鲁厄理工学院 Barner-Kowollik 等合成了 2-(苯基氨基甲酰氧代) 乙基丙烯酸酯 (PhCEA) 和 (苯基氨基甲酰氧代) 异丙基丙烯酸酯 (PhCPA) 两种高折射率丙烯酸酯单体 (图 7-19)，并研究了这两种单体的光聚合反应活性[18,19]。表 7-2 列出了不同丙烯酸酯单体的聚合反应活性数据，可以看出，与丙烯酸丁酯、甲基丙烯酸丁酯相比，PhCEA 和 PhCPA 具有更高的聚合反应速率常数和更低的反应活化能。据公开资料，德国拜耳公司采用这类高反应活性、高折射率的丙烯酸酯单体，制备了折射率调制度达 0.035 的聚氨酯/丙烯酸酯全息高分子材料。

PhCEA　　　　　　　　　　　　PhCPA

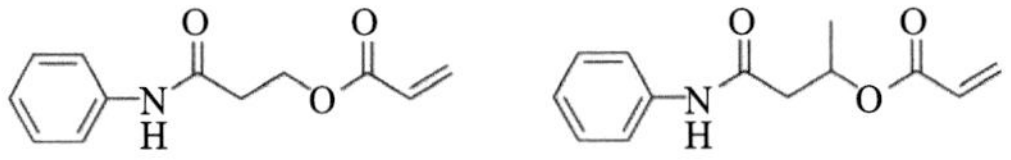

图 7-19　两种高折射率丙烯酸酯单体的化学结构[18,19]

表 7-2　丙烯酸酯单体的聚合反应活化能和速率常数[18,19]

单体	活化能/(kJ/mol)	速率常数 (25 ℃)/[L/(mol·s)]
PhCEA	14.3	37000
PhCPA	13.8	15900
丙烯酸丁酯	18.1	15600
甲基丙烯酸丁酯	22.9	370

2. 光引发剂的影响

为改良 PQ-PMMA 全息高分子材料，哈尔滨工业大学孙秀东等利用一种常用的商品化可见光引发剂 Irgacure 784 (TI) 取代 PQ-PMMA 中的 PQ，制得 TI-PMMA 全息高分子材料[33,34]。当全息记录光强为 115 mW/cm² 时，TI-PMMA 全息高分子材料的衍射效率和感光灵敏度均优于 PQ-PMMA (图 7-20)。TI-PMMA 全息高分子材料在曝光时间接近 100 s 时达到最大衍射效率，约为 73%，而 PQ-PMMA 全息高分子材料在 120 s 左右达到最大衍射效率，仅为 45%。曝光 250 s 后，TI-PMMA 全息高分子材料的衍射效率为 66%，而 PQ-PMMA 全息高分子材料的衍射效率仅为 41%。另外，由于 TI 在 MMA 单体中的溶解度高于 PQ，TI-PMMA 全息高分子材料的光散射损失也明显低于 PQ-PMMA。

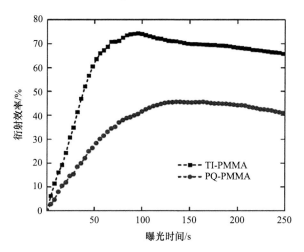

图 7-20　PQ-PMMA 和 TI-PMMA 全息高分子材料衍射效率与曝光时间的关系[33]

孙秀东等还研究了 TI 含量的影响。当 TI 的含量从 1.5 wt%增加到 4.5 wt%时，TI-PMMA 全息高分子材料的衍射效率从 30%增加到了 75%（图 7-21），折射率调制度从 $5.0×10^{-5}$ 增加到了 $7.6×10^{-5}$。当全息记录光强为 64 mW/cm^2、TI 含量为 4.0 wt%时，TI-PMMA 全息高分子材料的感光灵敏度达到最大值 $1.14×10^{-3}$ cm/mJ。

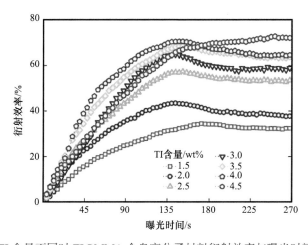

图 7-21　TI 含量不同时 TI-PMMA 全息高分子材料衍射效率与曝光时间的关系[34]

韩国科学技术院 Park 等通过改变光引发剂的含量，调控了环氧/乙烯基单体全息高分子材料的性能[35]。所用的光引发剂为曙红（YE，图 7-22）。表 7-3 列出了不同 YE 含量时全息高分子材料的性能参数。随着 YE 含量的增加，全息高分子材料的衍射效率下降。当 YE 含量从 0.02 wt%增加到 0.10 wt%时，全息高分子材料的衍射效率从 87.1%下降到 56.7%，折射率调制度从 9.0×10^{-4} 降至 6.0×10^{-4}。当 YE 含量为 0.02 wt%时，材料的感光灵敏度最高，达 0.30 cm/mJ。表明当光引发剂的含量超过一定的临界值时，过量的光引发剂会影响透光率，导致全息高分子材料性能下降。综合而言，YE 含量为 0.02 wt%或 0.03 wt%时，环氧/乙烯基单体全息高分子材料性能较优。

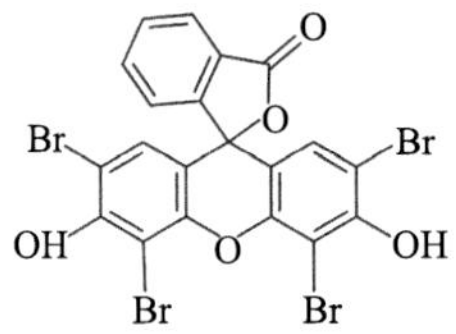

图 7-22   曙红（YE）的分子结构

表 7-3   不同 YE 含量时全息高分子材料的性能比较[35]

YE 含量/wt%	衍射效率/%	厚度/μm	折射率调制度/(×10⁻⁴)	感光灵敏度/(cm/mJ)
0.02	87.1	212	9.0	0.30
0.03	81.9	207	9.0	0.28
0.06	74.6	235	7.1	0.15
0.10	56.7	226	6.0	0.15

7.5   二阶反应型全息高分子材料的应用 ◀◀◀

7.5.1   彩虹全息光栅

彩虹全息光栅是指光栅周期连续变化的全息光栅。这类光栅在新型光学滤波器及仿生光子晶体等领域具有广阔的应用前景[36]。通过柱面透镜改变入射光波的出射方向，使到达全息材料表面的入射角连续变化（图 7-23），可制得具有梯度周期结构的彩虹全息光栅。根据布拉格条件，光栅周期 (Λ_i) 由两束相干激光之间的夹角 (θ_i) 决定：

$$\Lambda_i = \frac{\lambda_{\text{writing}}}{2} \sin(\theta_i / 2) \tag{7-5}$$

当两束激光之间的夹角 θ_i 连续变化时，光栅周期 (Λ_i) 也发生连续变化。

Bowman 等利用硫醇-丙烯酸酯/硫醇-烯丙基醚正交二阶反应型全息高分子材料制备了直径为 4 mm 的彩虹全息光栅[5]。如图 7-24 所示，在白色光源的照射下，观察者通过调整视角，不仅可以观察到蓝色、绿色、橙色和红色的单色图案，也可以观察到红绿蓝三色图案。采用原子力显微镜(AFM)对彩虹全息光栅进行表征，发现该光栅在不同空间位置确实具有不同的光栅周期，周期宽度在(789±2) nm 至 (867±4) nm 之间变化(图 7-25)。

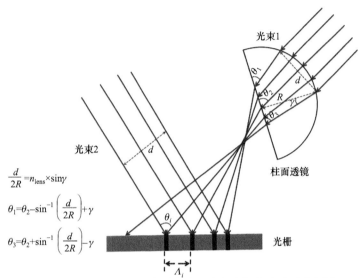

$$\frac{d}{2R}=n_{\text{lens}}\times\sin\gamma$$

$$\theta_1=\theta_2-\sin^{-1}\left(\frac{d}{2R}\right)+\gamma$$

$$\theta_3=\theta_2+\sin^{-1}\left(\frac{d}{2R}\right)-\gamma$$

图 7-23　柱面透镜法制备梯度彩虹全息光栅的光路示意图[5]

图 7-24　硫醇-丙烯酸酯/硫醇-烯丙基醚全息高分子材料中存储的梯度彩虹全息图[5]

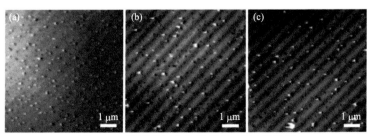

图 7-25　梯度彩虹全息光栅的 AFM 照片[5]

光栅周期出现渐变：(a) 867±4 nm；(b) 822±5 nm；(c) 789±2 nm

7.5.2   全息数据存储

二阶反应型全息高分子材料具有优异的尺寸稳定性、较低的体积收缩率、较高的感光灵敏度以及优异的长期存储稳定性，适用于全息数据存储。

早在 1998 年，美国加州理工学院 Psaltis 等就研究了 PQ-PMMA 二阶反应型全息高分子材料的数据存储性能[6]。在数据存储领域，通常以每 200 μm 厚的样品能够存储的数据量来衡量材料的存储能力。当 PQ-PMMA 全息高分子材料的厚度为 3 mm 时，每 200 μm 厚度的动态存储范围可达 3.2。与 DuPont 公司的 HRF-150 产品相比（每 200 μm 厚度可实现 13 的动态存储范围），PQ-PMMA 全息高分子材料虽然存储容量不高，但感光灵敏度更高、体积收缩率更低。2000 年，台湾交通大学 Whang 等改进了 PQ-PMMA 材料，将每 200 μm 的动态存储范围提高到 3.5[10]。

Bowman 等研究了硫醇-丙烯酸酯/硫醇-炔丙基醚全息高分子材料的全息数据存储性能[7]。通过角度多路复用技术，在厚度为 100 μm 的样品中同时记录了 41 个光栅（图 7-26）。硫醇-丙烯酸酯/硫醇-炔丙基醚全息高分子材料的折射率调制度可达 0.0036，光聚合体积收缩率仅为 1.1%，每 200 μm 的动态存储范围达 5.6。然而，由于硫醇-炔烃反应较慢，材料的感光灵敏度不高。

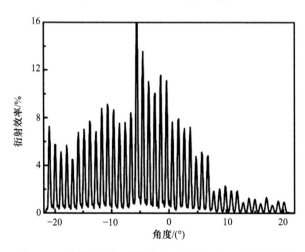

图 7-26   在 100 μm 厚的硫醇-丙烯酸酯/硫醇-炔丙基醚全息高分子材料中
通过角度多路复用技术记录的 41 个全息光栅[7]

7.5.3   图像存储

图像存储要求全息材料具有较高的衍射效率，从而在白光下呈现清晰明亮的图像。在不发生过调制的情况下，衍射效率与材料的折射率调制度及厚度呈正相关。PQ-PMMA 全息高分子材料由于折射率调制度较低（通常为 $1 \times 10^{-5} \sim 1 \times 10^{-4}$），应用于图像存储时，应当增加材料厚度以提高衍射效率。较厚的全息材料具有优异的多路复用能力，例如，在同一样品中可通过角度多路复用技术存储多幅全息图。孙秀东等在 3 mm × 3 mm 的 PQ-PMMA 中，以大功率脉冲激光为光源，实现了 5 幅全息图的超快速存储，每幅全息图所需曝光时间仅为 300 ns[8]。

7.5.4　应力传感器

Sakhno 等采用 PDMS/BP 全息高分子材料制备了应力传感器[9]。用白光从特定角度照射全息光栅时，衍射光束的波长与光栅周期密切相关。因此，将 PDMS/BP 全息高分子材料拉伸时光栅周期会发生改变，从而导致衍射光束的波长和颜色发生变化。如图 7-27 所示，当拉伸应变分别为 0%、25% 和 75% 时，对应衍射光束的颜色分别为蓝色、绿色和红色。他们也测试了这种应力传感器的可循环次数，当应变在 0～30% 之间变化时，最大衍射波长的变化幅度可达 135 nm，并且在约 1000 次循环中保持了较好的稳定性（图 7-28）。

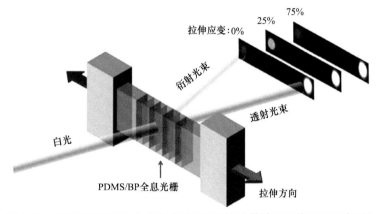

图 7-27　基于 PDMS/BP 全息高分子材料的应力传感器工作原理示意图[9]

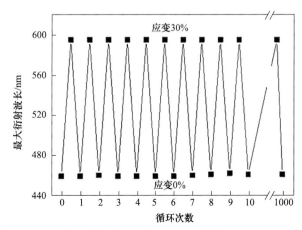

图 7-28　基于 PDMS/BP 全息高分子材料的应力传感器可经受 1000 次循环测试[9]

二阶反应型全息高分子材料的发展展望 ◂◂◂

二阶反应型全息高分子材料具有优异的尺寸稳定性和较低的体积收缩率，已广泛应用于全息光学元件、全息图像存储、高密度数据存储和应力传感器等领域，部分二阶反应型全息高分子材料已实现商品化。然而，二阶反应型全息高分子材料面临的主要挑战是材料的性能仍有待提高，除聚氨酯/丙烯酸酯体系外，其余体系的折射率调制度相对较低。此外，正交点击化学反应为二阶反应型全息高分子材料的发展带来了新机遇，研究新的点击化学反应对发展高效、高性能的正交二阶反应新体系具有重要意义。

<h2 style="text-align:center">参 考 文 献</h2>

[1] Weber A M, Smothers W K, Trout T J, Mickish D J. Hologram recording in DuPont's new photopolymer materials. Proc SPIE, 1990, 1212: 30-39.

[2] Smothers W K, Monroe B M, Weber A M, Keys D E. Photopolymers for holography. Proc SPIE, 1990, 1212: 20-29.

[3] Iha R K, Wooley K L, Nyström A M, Burke D J, Kade M J, Hawker C J. Applications of orthogonal "click" chemistries in the synthesis of functional soft materials. Chem Rev, 2009, 109 (11): 5620-5686.

[4] Hoyle C E, Bowman C N. Thiol-ene click chemistry. Angew Chem Int Ed, 2010, 49 (9): 1540-1573.

[5] Peng H Y, Nair D P, Kowalski B A, Xi W X, Gong T, Wang C, Cole M, Cramer N B, Xie X L, McLeod R R, Bowman C N. High performance graded rainbow holograms via two-stage sequential orthogonal thiol-click chemistry. Macromolecules, 2014, 47 (7): 2306-2315.

[6] Steckman G J, Solomatine I, Zhou G, Psaltis D. Characterization of phenanthrenequinone-doped poly(methyl methacrylate) for holographic memory. Opt Lett, 1998, 23 (16): 1310-1312.

[7] Peng H Y, Wang C, Xi W X, Kowalski B A, Gong T, Xie X L, Wang W T, Nair D P, McLeod R R, Bowman C N. Facile image patterning via sequential thiol-michael/thiol-yne click reactions. Chem Mater, 2014, 26 (23): 6819-6826.

[8] Liu P, Chang F W, Zhao Y, Li Z R, Sun X D. Ultrafast volume holographic storage on PQ/PMMA photopolymers with nanosecond pulsed exposures. Opt Express, 2018, 26 (2): 1072-1082.

[9] Ryabchun A, Wegener M, Gritsai Y, Sakhno O. Novel effective approach for the fabrication of PDMS-based elastic volume gratings. Adv Opt Mater, 2016, 4 (1): 169-176.

[10] Lin S H, Hsu K Y, Chen W Z, Whang W T. Phenanthrenequinone-doped poly(methyl methacrylate) photopolymer bulk for volume holographic data storage. Opt Lett, 2000, 25 (7): 451-453.

[11] Lin S H, Cho S L, Chou S F, Lin J H, Lin C M, Chi S, Hsu K Y. Volume polarization holographic recording in thick photopolymer for optical memory. Opt Express, 2014, 22 (12): 14944-14957.

[12] Liu H, Yu D, Jiang Y, Sun X. Characteristics of holographic scattering and its application in

determining kinetic parameters in PQ-PMMA photopolymer. Appl Phys B: Lasers Opt, 2009, 95（3）: 513-518.

[13]　Trentler T J, Boyd J E, Colvin V L. Epoxy resin-photopolymer composites for volume holography. Chem Mater, 2000, 12（5）: 1431-1438.

[14]　Stockmayer W H. Theory of molecular size distribution and gel formation in branched-chain polymers. J Chem Phys, 1943, 11（2）: 45-55.

[15]　Flory P J. Molecular size distribution in three dimensional polymers. I. Gelation. J Am Chem Soc, 1941, 63（11）: 3083-3090.

[16]　Alim M D, Glugla D J, Mavila S, Wang C, Nystrom P D, Sullivan A C, McLeod R R, Bowman C N. High dynamic range two-stage photopolymers via enhanced solubility of a high refractive index acrylate writing monomer. ACS Appl Mater Interfaces, 2018, 10（1）: 1217-1224.

[17]　Jurbergs D, Bruder F K, Deuber F, Fäcke T, Hagen R, Hönel D, Rölle T, Weiser M S, Volkov A. New recording materials for the holographic industry. Proc SPIE, 2009, 7233: 149-158.

[18]　Barner-Kowollik C, Bennet F, Schneider-Baumann M, Voll D, Rölle T, Fäcke T, Weiser M S, Bruder F K, Junkers T. Detailed investigation of the propagation rate of urethane acrylates. Polym Chem, 2010, 1（4）: 470-479.

[19]　Bennet F, Rölle T, Fäcke T, Weiser M-S, Bruder F K, Barner-Kowollik C, Junkers T. Transfer reactions in phenyl carbamate ethyl acrylate polymerizations. Macromol Chem Phys, 2013, 214（2）: 236-245.

[20]　Lowe A B, Hoyle C E, Bowman C N. Thiol-yne click chemistry: A powerful and versatile methodology for materials synthesis. J Mater Chem, 2010, 20（23）: 4745-4750.

[21]　Maffli L, Rosset S, Ghilardi M, Carpi F, Shea H. Ultrafast all-polymer electrically tunable silicone lenses. Adv Funct Mater, 2015, 25（11）: 1656-1665.

[22]　Ryba B, Förster E, Brunner R. Flexible diffractive gratings: Theoretical investigation of the dependency of diffraction efficiency on mechanical deformation. Appl Opt, 2014, 53（7）: 1381-1387.

[23]　Aschwanden M, Stemmer A. Polymeric, electrically tunable diffraction grating based on artificial muscles. Opt Lett, 2006, 31（17）: 2610-2612.

[24]　Chang-Yen D A, Eich R K, Gale B K. A monolithic PDMS waveguide system fabricated using soft-lithography techniques. J Lightwave Technol, 2005, 23（6）: 2088-2093.

[25]　Döring S, Kollosche M, Rabe T, Stumpe J, Kofod G. Electrically tunable polymer DFB laser. Adv Mater, 2011, 23（37）: 4265-4269.

[26]　Xi W X, Wang C, Kloxin C J, Bowman C N. Nitrogen-centered nucleophile catalyzed thiol-vinylsulfone addition, another thiol-ene "click" reaction. ACS Macro Lett, 2012, 1（7）: 811-814.

[27]　Krevelen D W V, Nijenhuis K T. Properties of Polymes. 4th ed. Amsterdam: Elsevier Science Press, 2009: 290-294.

[28]　Javadi A, Shockravi A, Rafieimanesh A, Malek A, Ando S. Synthesis and structure-property relationships of novel thiazole-containing poly（amide imide）s with high refractive indices and low birefringences. Polym Int, 2015, 64（4）: 486-495.

[29]　Yang C J, Jenekhe S A. Effects of structure on refractive index of conjugated polyimines. Chem Mater, 1994, 6（2）: 196-203.

[30]　Sugiyama T, Wada T, Sasabe H. Optical nonlinearity of conjugated polymers. Synth Met, 1989, 28（1-2）: 323-328.

[31]　Yang C J, Jenekhe S A. Group contribution to molar refraction and refractive index of conjugated polymers.

Chem Mater, 1995, 7 (7): 1276-1285.

[32] Khan A, Daugaard A E, Bayles A, Koga S, Miki Y, Sato K, Enda J, Hvilsted S, Stucky G D, Hawker C J. Dendronized macromonomers for three-dimensional data storage. Chem Commun, 2009, (4): 425-427.

[33] Liu P, Wang L L, Zhao Y, Li Z R, Sun X D. Cationic photo-initiator titanocene dispersed PMMA photopolymers for holographic memories. OSA Continuum, 2018, 1 (3): 783-795.

[34] Liu P, Wang L L, Zhao Y, Li Z R, Sun X D. Holographic memory performances of titanocene dispersed poly (methyl methacrylate) photopolymer with different preparation conditions. Opt Mater Express, 2018, 8 (6): 1441-1453.

[35] Jeong Y C, Lee S, Park J K. Holographic diffraction gratings with enhanced sensitivity based on epoxy-resin photopolymers. Opt Express, 2007, 15 (4): 1497-1504.

[36] Liu K, Xu H N, Hu H F, Gan Q Q, Cartwright A N. One-step fabrication of graded rainbow-colored holographic photopolymer reflection gratings. Adv Mater, 2012, 24 (12): 1604-1609.

第8章

新型全息高分子材料

全息高分子材料已在全息光学元件、三维图像存储、高密度数据存储、全息显示、传感器、可电调激光器等领域获得了广泛应用。提高全息高分子材料的折射率调制度、感光灵敏度、存储稳定性等性能一直是人们关注的重点，赋予全息高分子材料多功能性也是重要的发展方向。为实现全息高分子材料的高性能化和多功能化，人们设计、开发了多种新型全息高分子材料，如含枝状高分子的全息高分子材料、全息高分子/离子液体复合材料、全息高分子/锂盐复合材料、基于二炔的全息高分子材料、基于杜瓦苯的全息高分子材料和基于光致异构分子的全息高分子材料，下面分别进行简要介绍。

8.1 含枝状高分子的全息高分子材料 ◀◀◀

与线型高分子相比，枝状高分子具有溶解度高、黏度低、末端官能团丰富和自由体积大等优点，受到人们的广泛关注，已应用于涂料、药物载体等领域[1,2]。枝状高分子分为树枝状高分子和超支化高分子。树枝状高分子结构规整，但合成成本高昂，难以大批量生产。超支化高分子的枝状结构不如树枝状高分子规整，但合成、制备相对简单，便于工业化生产。由于超支化高分子具有独特的分子结构，应用于全息高分子材料具有明显优势。一方面，添加适量的超支化高分子有利于抑制光聚合过程中的体积收缩。另一方面，超支化高分子体系的黏度低，有利于全息记录过程中各组分的扩散和相分离。

日本电气通讯大学 Tomita 等合成了超支化聚甲基丙烯酸乙酯(HPEMA)和超支化聚苯乙烯(HPS)[3]。为避免 HPEMA 和 HPS 在全息记录过程中参与光聚合反应，采用三丁基氢化锡对它们的末端双键进行还原反应处理。HPEMA 和 HPS 的折射率分别为 1.51 和 1.61，因此按照折射率调制度最大化的原则，分别将低折射率的 HPEMA 与高折射率的丙烯酸酯单体[结构见图 8-1(a)，聚合前后折射率分别为 1.55 和 1.59]、高折射率的 HPS 与低折射率丙烯酸酯单体[结构见图 8-1(b)，聚

合前后的折射率分别为 1.50 和 1.53]进行复配，制备了全息高分子材料，HPEMA
体系和 HPS 体系的折射率调制度(n_1)分别达 0.007 和 0.005[3]。

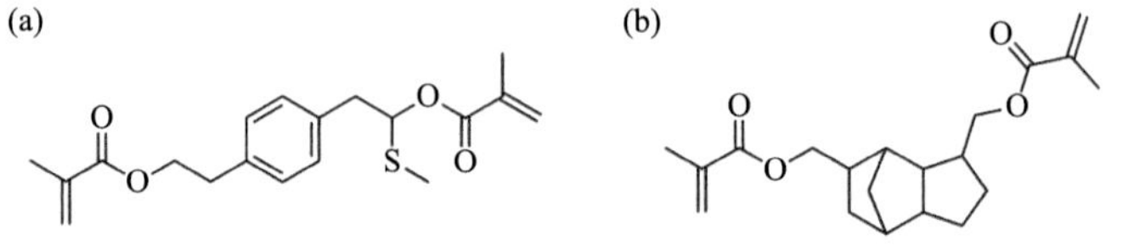

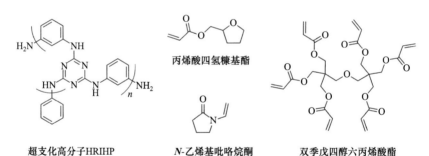

图 8-1　高折射率丙烯酸酯(a)和低折射率丙烯酸酯(b)的化学结构[3]

　　由于 HPEMA 和 HPS 与丙烯酸树脂的折射率差值有限，且末端的双键难以完
全被还原，全息记录过程中的相分离受到影响，导致材料的性能未能达到预期。
为解决上述问题，Tomita 等设计、合成了一种不含光聚合反应基团的超支化高分
子 HRIHP(图 8-2)[4]。由于含有大量的三嗪和芳环结构，HRIHP 的折射率高达 1.82。
将 HRIHP 与丙烯酸四氢糠基酯、N-乙烯基吡咯烷酮、双季戊四醇六丙烯酸酯及光
引发剂 Irgacure 784 混合均匀，制得全息高分子材料。从图 8-3 可以看出，含 HRIHP
的全息高分子材料具有较高的折射率调制度，达 0.022，明显高于 HPEMA 和 HPS
体系，也优于全息高分子/SiO$_2$ 纳米粒子复合材料[4]。

超支化高分子HRIHP　　　　N-乙烯基吡咯烷酮　　　双季戊四醇六丙烯酸酯

丙烯酸四氢糠基酯

图 8-2　超支化高分子 HRIHP、丙烯酸四氢糠基酯、N-乙烯基吡咯烷酮和
双季戊四醇六丙烯酸酯的化学结构[4]

　　韩国科学技术院 Park 等设计了结构末端为羟基的树枝状高分子(图 8-4)，然
后分别与甲基丙烯酰氯或 10-十一烯酰氯反应，合成了末端分别为甲基丙烯酸酯基
和 10-十一烯基的树枝状高分子(分别简称为 H30-MA 和 H30-UA)[5]。分别将
H30-MA 和 H30-UA 与丙烯酰胺单体、N,N-二甲基乙酰胺(作为增塑剂)、Irgacure
784(光引发剂)和甲基丙烯酸甲酯-甲基丙烯酸共聚物混合均匀，制备了含树枝状
高分子的全息高分子材料。与纯丙烯酰胺单体体系相比，引入树枝状高分子可以
提高全息高分子材料的衍射效率和折射率调制度，并抑制光聚合过程中的体积收
缩(表 8-1)。

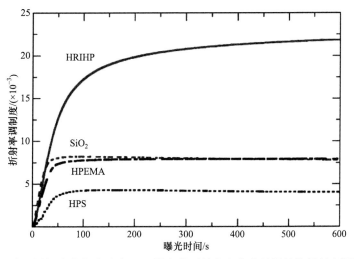

图 8-3　含不同超支化高分子或 SiO₂ 纳米粒子的全息高分子材料的折射率调制度[4]

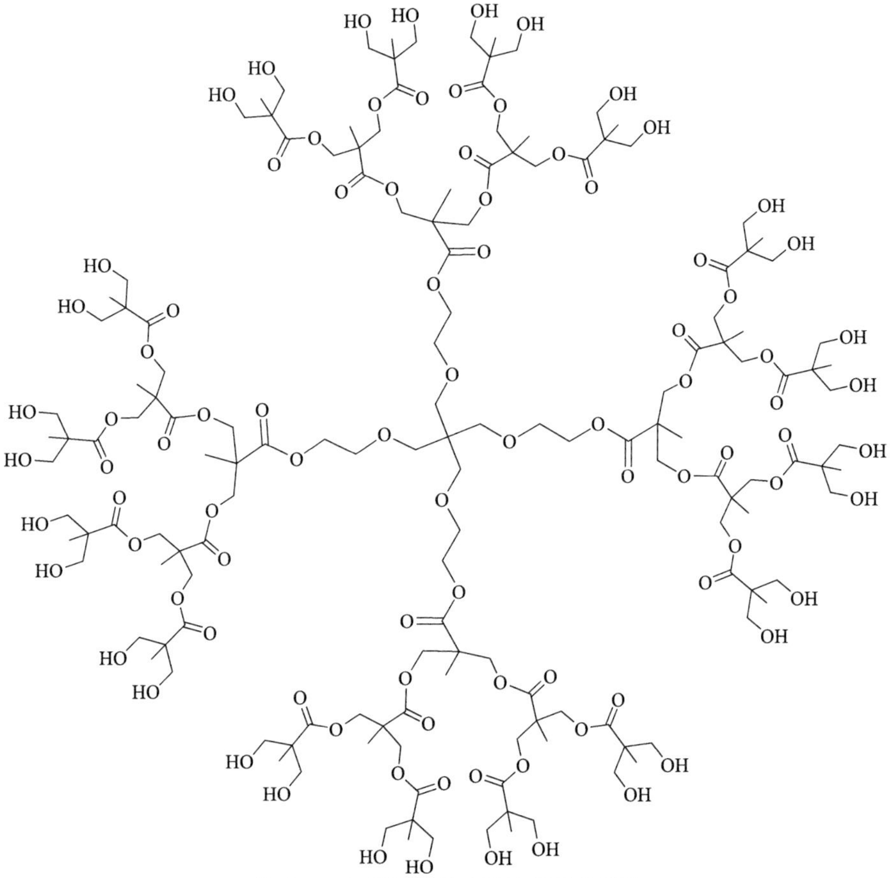

图 8-4　末端为羟基的树枝状高分子[5]

表 8-1   不同单体组成全息高分子材料的性能[5]

单体	衍射效率/%	折射率调制度	体积收缩率/%
丙烯酰胺	49.6	$1.54×10^{-3}$	3.20
H30-MA 和丙烯酰胺	82.6	$1.95×10^{-3}$	1.56
H30-UA 和丙烯酰胺	79.0	$2.15×10^{-3}$	1.41

8.2　全息高分子/离子液体复合材料　<<<

离子液体是指完全由离子组成、在 100 ℃以下呈液体状态且不含挥发性液体溶剂的有机盐[6]。离子液体具有优良的导电性[7]、较宽的折射率范围[8]和优良的透光性。此外，离子液体对高分子有增塑作用，有利于全息记录过程中各组分的扩散。因此，将离子液体引入全息高分子材料中，不仅有望提高材料的性能，还能赋予全息高分子材料导电功能。

德国莱布尼茨新材料研究所 Lin 等研究了离子液体对全息高分子材料的影响[9,10]。结果表明，加入咪唑基离子液体可以将全息高分子材料的衍射效率从16%提高至 34%[9]。除咪唑基离子液体外，吡啶基离子液体和季膦基离子液体都可提高全息高分子材料的衍射效率[10]。

2014 年，美国爵硕大学李育人等制备了反射式光栅结构的全息高分子/离子液体复合材料[11]。所使用的离子液体为三己基十四烷基溴化磷。采用图 8-5 所示的原理测量了复合材料在平行于光栅平面和垂直于光栅平面的电导率，分别记为 $\sigma_{//}$ 和 $\sigma_{\perp}$。光栅结构有利于离子沿平行于光栅平面的方向传导，同时会阻碍离子沿垂直于光栅平面的方向传导，因此全息高分子/离子液体复合材料具有导电各向异性。将 $\sigma_{//}$ 与 $\sigma_{\perp}$ 的比值定义为导电各向异性比(anisotropy ratio)。当离子液体含量为 30 wt%时，复合材料的导电各向异性比达到最高值，为5120(图 8-6)。

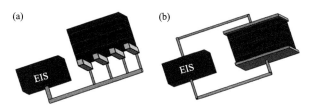

图 8-5   全息高分子/离子液体复合材料电导率测试原理示意图：(a)测量平行于光栅平面方向的电导率($\sigma_{//}$)；(b)测量垂直于光栅平面方向的电导率($\sigma_{\perp}$)[11]

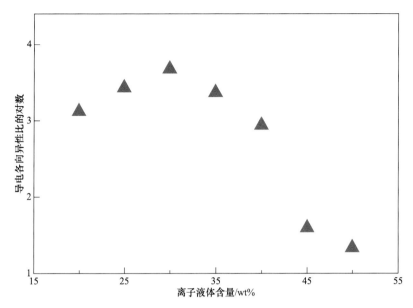

图 8-6　全息高分子/离子液体复合材料的导电各向异性比与离子液体含量的关系[11]

　　2018 年,华中科技大学解孝林团队研究了透射式光栅结构的全息高分子/离子液体复合材料[12]。所使用的离子液体为 1-丁基-3-甲基咪唑啉双(三氟甲基磺酰基)亚胺([BMIM]TF$_2$N),单体为丙烯酸-2-乙基己酯、N-乙烯基吡咯烷酮和超支化聚酯丙烯酸酯 6361-100 的混合物。当离子液体含量为 60 wt%时,全息高分子/离子液体复合材料的衍射效率可达 70.5%[图 8-7(a)]。透射式光栅结构的全息高分子/离子液体复合材料也具有导电各向异性,离子液体含量为 60 wt%时,导电各向异性比达到最大值 2.7[图 8-7(b)]。

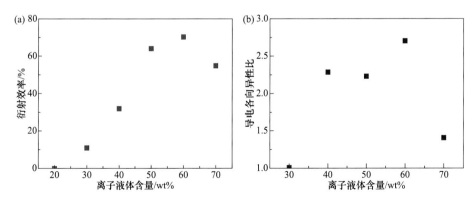

图 8-7　全息高分子/离子液体复合材料的衍射效率(a)和导电各向异性比(b)
与离子液体含量的关系[12]

8.3   全息高分子/锂盐复合材料   ‹‹‹

固态电解质具有安全性好、循环稳定性好等优点，已广泛应用于锂电池领域[13,14]。高分子/锂盐复合材料可以通过光聚合反应原位制备，是常用的锂电池固态电解质[15]。利用相干光照射由光引发剂、单体和锂盐组成的复合体系，可制备具有周期性有序结构的全息高分子/锂盐复合材料。

2012 年，李育人等研究了全息高分子/锂盐复合材料[16]。先将双三氟甲烷磺酰亚胺锂 (LiTFSI) 加入平均分子量为 400 的聚环氧乙烷 (PEO) 中，得到 LiTFSI-PEO，然后与单体和光引发剂混合均匀，得到混合液。利用相干光对混合液进行辐照，分别制备了具有反射式和透射式光栅结构的全息高分子/锂盐复合材料。当 LiTFSI-PEO 含量为 50.5 vol%时，具有反射式光栅结构的全息高分子/锂盐复合材料衍射效率接近 100%。分别测量具有反射式和透射式光栅结构全息高分子/锂盐复合材料的电导率，并计算了导电各向异性比。当 LiTFSI-PEO 含量为 40 vol%时，复合材料的导电各向异性比达到最大值（约 35，见图 8-8）。他们还研究了全息高分子/锂盐复合材料的力学性能，发现提高 LiTFSI-PEO 的添加量会降低复合材料的模量和拉伸强度，但与各向同性的复合材料相比，全息高分子/锂盐复合材料具有更高的模量和拉伸强度[17]。

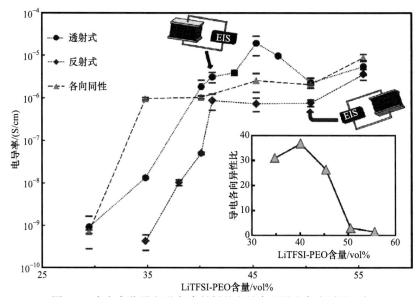

图 8-8   全息高分子/锂盐复合材料的电导率和导电各向异性比与
LiTFSI-PEO 含量之间的关系[16]

2019 年，解孝林团队以玫瑰红(RB)/N-苯基甘氨酸(NPG)光引发体系、丙烯酸酯单体、高氯酸锂(LiClO₄)、碳酸乙烯酯(EC)和碳酸亚丙酯(PC)为原料，制备了全息高分子/锂盐复合材料[18]。图 8-9 给出了全息高分子/锂盐复合材料的衍射效率与 EC 和 PC 总含量(记为 EC-PC)的关系，可以看出，当 EC-PC 含量从 0 增加到 50 wt%时，复合材料的衍射效率从 0 逐渐升高至 59%。在单体中引入少量 N,N-二甲基丙烯酰胺(DMAA)后，全息光栅的衍射效率可达到 73%。另外，引入 DMAA单体还能增加全息高分子/锂盐复合材料的导电各向异性。

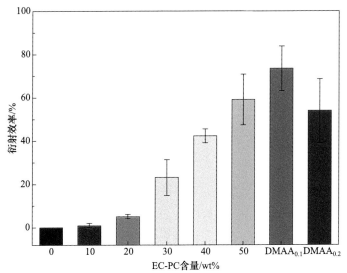

图 8-9　全息高分子/锂盐复合材料的衍射效率与 EC-PC 含量的关系[18]

8.4　基于二炔的全息高分子材料

聚二炔是一种共轭高分子，可由规整排列的二炔单体通过拓扑聚合反应制得(图 8-10)[19]。聚二炔高分子具备双键和三键交替的共轭结构，因此其折射率(6.2)远高于二炔单体(1.6)，利用这一性质可实现全息记录[20]。

二炔单体的拓扑聚合反应活性强烈依赖于其排列的规整程度[21]。为提高二炔单体的聚合反应活性，2009 年，荷兰拉德堡德大学 Löwik 等采用肽链修饰二炔分子，得到可以自组装成纤维的两亲性二炔单体(图 8-11)[22]。二炔单体对光的吸收还依赖于光的偏振方向，平行于光偏振方向的二炔单体更容易吸收光而发生聚合反应，而垂直于光偏振方向的二炔单体难以发生聚合。他们先利用磁场诱导二炔分子自组装形成纤维取向结构，再采用圆偏振相干光照射，得到了聚二炔高分子与二炔单体呈周期性排列的全息光栅结构。

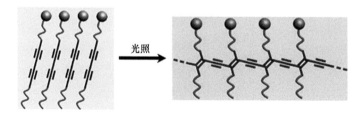

图 8-10 二炔单体通过拓扑聚合生成聚二炔高分子[19]

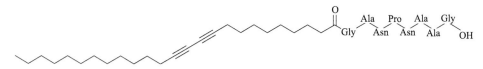

图 8-11 肽链修饰的二炔单体[22]
Gly. 甘氨酸；Ala. 丙氨酸；Asn. 天冬酰胺；Pro. 脯氨酸

8.5 基于杜瓦苯的全息高分子材料 ＜＜＜

　　杜瓦（Dewar）曾经认为：苯的结构是平面型的双环结构。双环结构虽然后来被证明不是苯的分子结构，却因此得名为杜瓦苯。Tamelen 和 Pappas 于 1962 年首次成功合成了 1,2,5-三叔丁基杜瓦苯[23]，次年他们又合成了无取代基的杜瓦苯[24]。可以认为，杜瓦苯是苯的一种价键异构体。在光照下，杜瓦苯结构可以转变为苯环结构（图 8-12）[25]。由于杜瓦苯与苯的电子结构差异较大，两者之间存在较大的折射率差异。因此，可以将杜瓦苯应用于全息高分子材料[26]。

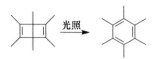

图 8-12 六甲基杜瓦苯在光照下转变为六甲基苯[25]

　　杜瓦苯稳定性较差，即使在避光条件下也会自发转变为苯。因此，基于杜瓦苯的全息材料难以长时间保存。为解决这一问题，美国加州大学圣塔芭芭拉分校 Hawker 等合成了杜瓦苯丙烯酸酯[25]。具有吸电子作用的酯基可以抑制杜瓦苯在暗光下自发转变为苯的反应。此外，通过聚合反应使杜瓦苯成为高分子主干网络的一部分，可以进一步提高杜瓦苯的稳定性。他们将该杜瓦苯丙烯酸酯与二乙烯基苯、异丙基噻吨酮（作为光敏剂）混合均匀[图 8-13（a）]，然后通过热引发聚合形成交联的高分子网络，得到了基于杜瓦苯的全息高分子材料[图 8-13(b)]。

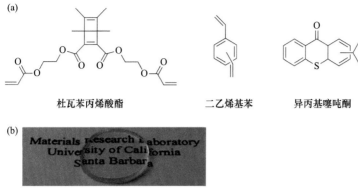

图 8-13　(a)杜瓦苯丙烯酸酯、二乙烯基苯和异丙基噻吨酮的化学结构；
(b)基于杜瓦苯的全息高分子材料的实物照片[25]

　　在波长为 407 nm 的相干激光照射下，相干亮区中的异丙基噻吨酮吸收光子，再将能量传递给杜瓦苯基团，使杜瓦苯结构转变为苯环结构，与相干暗区产生折射率差异，形成全息光栅结构。当采用总光强为 12 mW/cm² 的相干光进行全息记录时，全息高分子材料的衍射效率在曝光 40 s 后达到最大(~60%，图 8-14)。基于杜瓦苯的全息高分子材料在全息记录过程中未发生聚合反应，因此无体积收缩，形成的全息光栅结构具有良好的对称性(图 8-15)。

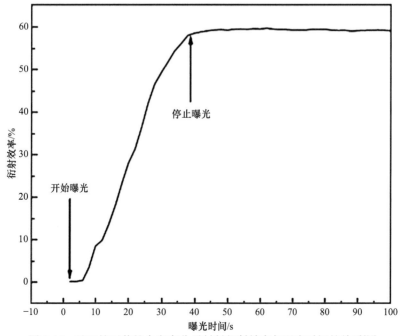

图 8-14　基于杜瓦苯的全息高分子材料衍射效率与曝光时间的关系[25]

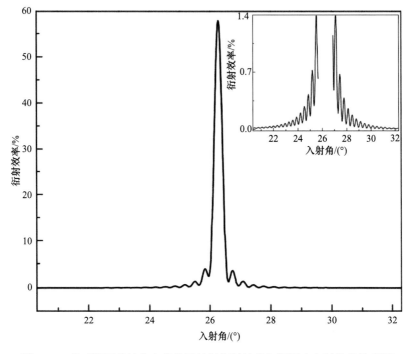

图 8-15   基于杜瓦苯的全息高分子材料衍射效率与探测光入射角的关系[25]

8.6   基于光致异构分子的全息高分子材料   ‹‹‹

光致异构分子在某一波长光的照射下，可转变为该分子的同分异构体，而经过另一波长的光照或加热处理后又能回到原来的结构。光致异构可使分子的光学性质、电磁性质和亲疏水性质发生变化[27-31]。

8.6.1   基于偶氮苯的全息高分子材料

偶氮苯存在两种构型，一种是处于稳态的反式(*trans*)构型，另一种是处于亚稳态的顺式(*cis*)构型。在一定波长的光照下，反式构型的偶氮苯分子吸收光子能量并进入激发态，然后通过非辐射跃迁的方式回到顺式构型的基态。顺式构型的偶氮苯分子不稳定，在另一波长光照或加热的条件下又会回到反式构型。当采用线偏振光照射偶氮苯分子时，偶氮苯基团会发生反式到顺式的异构化。顺式构型的偶氮苯基团会沿着平行于光的偏振方向排列，反式构型的偶氮苯基团垂直于光的偏振方向排列(图 8-16)。取向后的偶氮苯具有双折射性质[32]。

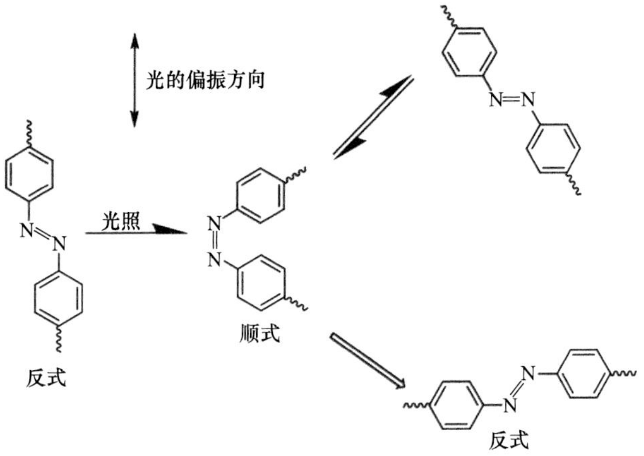

图 8-16　偶氮苯的光致顺反异构[32]

早在 1995 年，美国马萨诸塞大学洛厄尔分校 Tripathy 和加拿大女王大学 Natansohn 等就分别报道了基于偶氮苯的全息高分子材料[33,34]，并指出：在偏振相干光照射下，偶氮苯高分子在水平方向可以发生微米尺度的质量迁移，进而形成周期性的表面起伏结构，将全息信息记录。这种具有周期性表面起伏结构的光栅称为表面起伏光栅，是偶氮苯基团被偏振相干光取向时带动高分子主链运动而产生的。基于偶氮苯的全息高分子材料大致可分为偶氮苯掺杂高分子和偶氮苯基高分子两大类。

偶氮苯掺杂高分子是偶氮苯分子与高分子基体通过物理共混形成的混合物，两者之间没有直接的化学键连接，因此偶氮苯的光致异构行为受高分子链的影响较小。同理，偶氮苯分子的光致异构行为也不会引起显著的高分子链迁移。因此，采用偶氮苯掺杂高分子进行全息记录时，一般不会观察到显著的表面起伏。需要指出的是，当偶氮苯分子与高分子主链之间存在氢键作用时，偶氮苯分子的光致异构行为会受到高分子链的影响，同理，偶氮苯分子的光致异构也能够导致高分子链产生迁移。

偶氮苯基高分子是指侧链或主链通过共价键连接有偶氮苯基团的高分子，因此可分为侧链型偶氮苯高分子和主链型偶氮苯高分子。在偶氮苯高分子中，偶氮苯基团的光致异构容易引起高分子链的迁移，从而形成表面起伏光栅。

侧链型偶氮苯高分子的全息记录性能既与偶氮苯基团的结构相关，也受高分子主链的影响[35]。图 8-17 给出了三种侧基不同的环氧高分子。经过相干光照射后，侧基为偶氮苯基团的环氧高分子(PDO3 和 PNA)可形成深度较大的表面起伏光栅，侧基为联苯基团的环氧高分子(PNB)则无法形成表面起伏光栅。可见，偶氮苯侧基的光致异构效应是形成表面起伏光栅的关键。与 PDO3 相比，PNA 表面起伏光栅的衍射效率较低，可能原因是：一方面，PNA 对入射波长的光响应性较差；另一方面，PDO3 中的偶氮苯基团连接有吸电子的硝基，可以提高偶氮苯基团的极化率，从而缩短偶氮苯基团的激发态寿命[36]，使其更频繁地进行顺反异构，加速分子取向。PBDO3（图 8-18）的侧链偶氮苯基团与 PDO3 相同，但主链的柔性更强。全息记录后，PBDO3 中形成的表面起伏光栅的深度和衍射效率不如 PDO3，说明降低高分子主链的刚性反而不利于表面起伏光栅的形成。可能的原因是，PBDO3 的玻璃化温度较低（T_g=35 ℃），虽然全息记录过程中高分子链更容易迁移，但也会导致已形成的表面起伏光栅结构更容易在表面张力的作用下变为光滑表面。

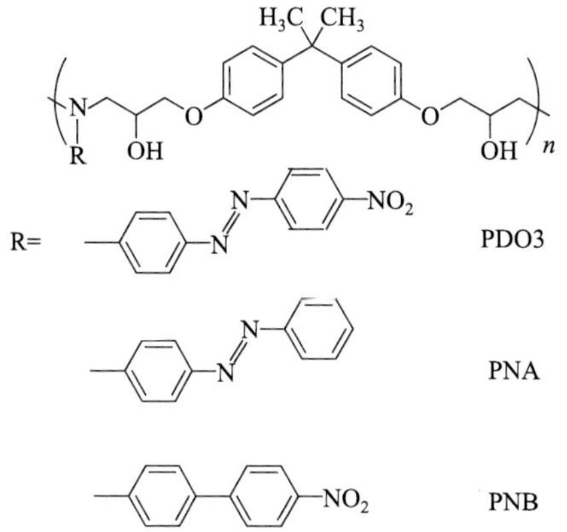

图 8-17　几种侧链基团不同的环氧高分子[35]

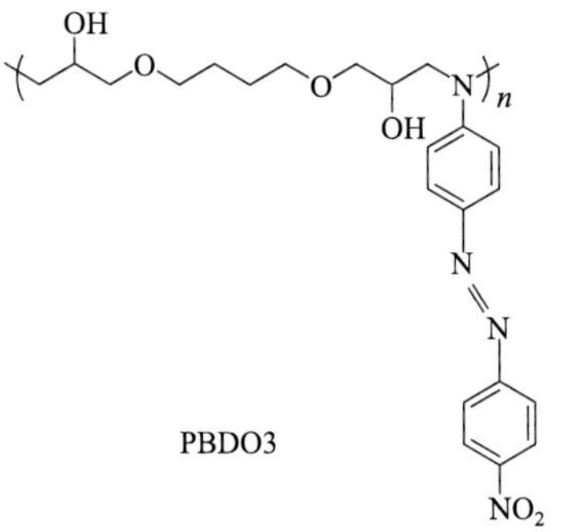

图 8-18　侧链型偶氮苯高分子 PBDO3[35]

　　主链型偶氮苯高分子中的偶氮苯基团被两端的高分子链固定，导致光致异构行为受限。因此，与侧链型偶氮苯高分子相比，主链型偶氮苯高分子更难形成表面起伏光栅。Tripathy 等合成了两种主链型偶氮苯高分子，重复单元中分别包含一个偶氮苯基团和两个偶氮苯基团（图 8-19，PU1 和 PU2)[37]。这两种主链型偶氮苯高分子具有较高的 T_g（PU1：197 ℃，PU2：236 ℃）。利用相干光照

射 30 min 后，PU1 膜可形成深度约 44 nm、周期约 900 nm、衍射效率为 1.2%
的表面起伏光栅。PU2 膜虽然也能形成表面起伏光栅，但光栅深度和衍射效率
均远低于 PU1。

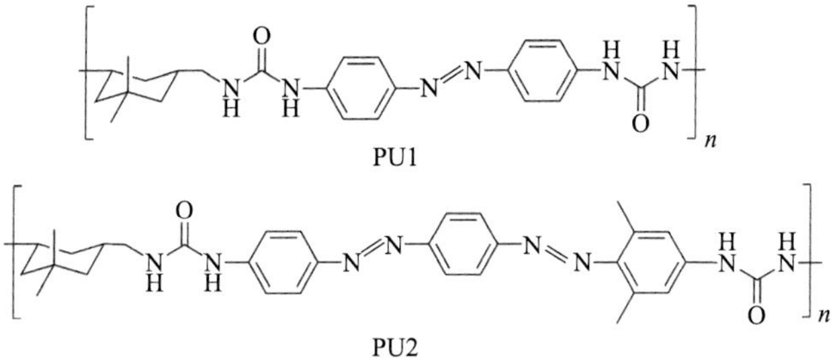

图 8-19　主链型偶氮苯高分子 PU1 和 PU2 的化学结构[37]

　　表面起伏光栅的性能不仅取决于材料的分子结构，还依赖于相干光的光强和
偏振态[38,39]。这是因为偶氮苯基团的取向程度取决于相干光的强度，而取向方向
则取决于相干光的偏振方向。如表 8-2 所示，当两束相干光的偏振态为 s/s 偏振或
+45°/+45°偏振时，虽然两束光干涉后能够产生周期性的光强变化，但合成电场的
强度在空间上缺乏周期性变化，导致表面起伏光栅的深度和衍射效率较低。当两
束相干光的偏振方向正交(s/p)时，虽然相干光的合成电场强度在偶氮苯高分子材
料表面呈周期性分布，然而光强在整个区域却呈均匀分布，因此光栅深度和衍射
效率仍然较低。只有在特定的偏振态下(p/p，+45°/−45°和 RCP/LCP)，两束光干
涉后的光强和电场强度均呈周期性分布，才能诱导偶氮苯高分子形成深度相对较
大、衍射效率相对较高的表面起伏光栅。

表 8-2　相干光的偏振态对表面起伏光栅衍射效率和光栅深度的影响[38]

相干光的偏振态	衍射效率/%	光栅深度/nm
s/s	<0.1	<10
s/p	≈2	<20
p/p	5	50
+45°/+45°	0.1	<10
+45°/−45°	12.5	120
RCP/RCP	0.30	<10
RCP/LCP	22	250

　　基于偶氮苯的全息高分子材料在低于 T_g 时可稳定所形成的表面起伏光栅结构，

但在温度高于 T_g 时，高分子链的热运动将使光栅结构消失。因此，基于偶氮苯的全息高分子材料在可擦写的高密度数据存储领域具有重要应用[40,41]。此外，利用基于偶氮苯的全息高分子材料还可用于制备复杂微图案（图 8-20）[35,42]。例如，依次采用 488 nm 和 514.5 nm 的相干光照射基于偶氮苯的全息高分子材料，可制得具有节拍结构的表面起伏光栅，节拍周期约为 19 μm[图 8-20（a）]。当两种起伏光栅在同一位置彼此正交时，可形成正交光栅[图 8-20（b）]；将两个不同振幅和周期的光栅叠加，可形成傅里叶合成闪耀光栅[图 8-20（c）]；采用三束偏振相干光照射基于偶氮苯的全息高分子材料，可制得六边形图案[图 8-20（d）]。

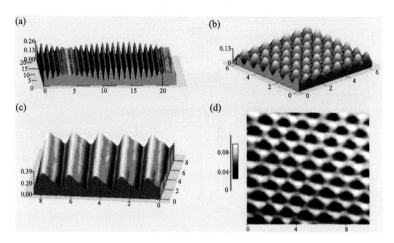

图 8-20　基于偶氮苯全息高分子材料制备的复杂微图案[35]

（a）节拍结构；（b）正交光栅；（c）傅里叶合成闪耀光栅；（d）六边形图案；单位为μm

8.6.2　基于桥联咪唑二聚体的全息高分子材料

六芳基联咪唑是一类重要的光致变色化合物，桥联咪唑二聚体是六芳基联咪唑类化合物中的一种[43]。桥联咪唑二聚体分子结构如图 8-21 所示，两个 2,4,5-三苯基咪唑的苯环通过两条碳链桥联，同时分子内的两个咪唑环通过 C—N 键相连。如图 8-21 所示，两个咪唑环的电子环境不同，1 号咪唑环是 6π 电子系统的共振平面结构，具备给电子特性，2 号咪唑环由两个 C≕N 键和一个 sp^3 杂化碳原子组成，形成吸电子的 4π 电子系统。桥联咪唑二聚体分子的光致变色原理为：吸收光子后，两个咪唑环之间的 C—N 键发生断裂，材料从无色状态转变为有色状态；对材料进行加热后，两个咪唑环重新通过 C—N 键连接，材料的颜色褪去，转变为无色状态（图 8-21）。桥联结构能够减小自由基状态下的两个咪唑环之间的距离，使两个自由基更容易成键，从而加速分子褪色[44-46]。

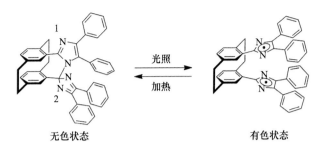

图 8-21　桥联咪唑二聚体分子的光致变色原理[43]

　　苯环上的取代基会影响桥联咪唑二聚体分子的褪色速率。当与给电子咪唑环相连的苯环上具有吸电子取代基时，或与吸电子咪唑环相连的苯环上具有给电子取代基时，分子在二聚体状态下的稳定性显著提高，分子褪色速率加快。日本青山大学安倍晋三等在与吸电子咪唑环相连的苯环上连接了具有给电子能力的二甲胺，显著提高了分子的褪色速率，其室温下褪色的半衰期仅为 17 ms（图 8-22）[47]。

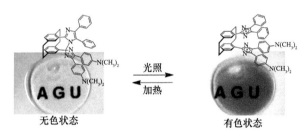

图 8-22　含二甲胺取代基的桥联咪唑二聚体分子及其光致变色效果[47]

　　将图 8-22 中的桥联咪唑二聚体分子与高分子（如聚丙烯酸乙酯和聚苯氧基丙烯酸乙酯等）混合均匀，并采用溶液浇铸法成膜，制得了基于桥联咪唑二聚体的全息高分子材料。在 405 nm 相干光的照射下，相干亮区的桥联咪唑二聚体分子的咪唑环之间的 C—N 键断裂，相干暗区的桥联咪唑二聚体分子则不发生变化，进而形成全息光栅结构。撤去相干光后，相干亮区中的桥联咪唑二聚体分子又快速回复到初始状态，导致全息光栅结构消除（图 8-23）。安倍晋三等利用基于桥联咪唑二聚体的全息高分子材料实现了全息显示（图 8-24）。

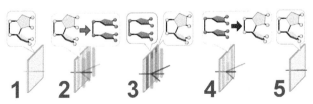

图 8-23　在基于桥联咪唑二聚体的全息高分子材料中，全息光栅结构
的形成和消除过程示意图[47]

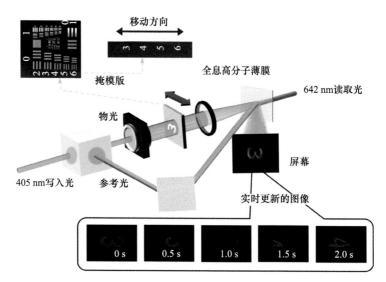

图 8-24   利用基于桥联咪唑二聚体的全息高分子材料实现全息显示[47]

然而，基于桥联咪唑二聚体的全息高分子材料从实验室走向实际应用还面临一系列挑战。桥联咪唑二聚体分子从无色状态转变为有色状态后，全息高分子材料的透光率显著降低，导致光致异构化仅在全息高分子材料表面发生。另外，桥联咪唑二聚体分子经过长时间光照后容易降解，其使用寿命还难以满足实用要求。

8.7   新型全息高分子材料的发展展望 ◀◀◀

高性能化和多功能化是全息高分子材料发展的重要方向。一方面，通过材料体系创新、工艺优化、装备革新，提升现有的全息高分子材料的综合性能和加工效率，实现全息高分子材料的高性能化；另一方面，利用全息技术与化学、物理、材料学科的交叉创新，尤其是新型全息高分子材料的创新、创制，实现全息高分子材料的多功能化。可以预见，高性能、多功能的新型全息高分子材料必将不断涌现，其应用领域必将超出我们的想象，全息高分子材料必将在信息技术"大爆炸"的 21 世纪大有可为！

参 考 文 献

[1]   Gao C, Yan D Y. Hyperbranched polymers: From synthesis to applications. Prog Polym Sci, 2004, 29（3）: 183-275.

[2]   谭惠民, 罗运军. 超支化聚合物. 北京: 化学工业出版社, 2005.

[3]   Tomita Y, Furushima K, Ochi K, Ishizu K, Tanaka A, Ozawa M, Hidaka M, Chikama K. Organic nanoparticle

(hyperbranched polymer) -dispersed photopolymers for volume holographic storage. Appl Phys Lett, 2006, 88 (7): 071103.

[4]　Tomita Y, Urano H, Fukamizu T A, Kametani Y, Nishimura N, Odoi K. Nanoparticle-polymer composite volume holographic gratings dispersed with ultrahigh-refractive-index hyperbranched polymer as organic nanoparticles. Opt Lett, 2016, 41 (6): 1281-1284.

[5]　Jeong Y C, Jung B, Park J K. Photopolymeric multifunctional dendrimer toward holographic applications. ACS Appl Mater Interfaces, 2012, 4 (9): 4921-4926.

[6]　张星辰. 离子液体——从理论基础到研究进展. 北京: 化学工业出版社, 2009.

[7]　Ye Y S, Rick J, Hwang B J. Ionic liquid polymer electrolytes. J Mater Chem A, 2013, 1 (8): 2719-2743.

[8]　Seki S, Tsuzuki S, Hayamizu K, Umebayashi Y, Serizawa N, Takei K, Miyashiro H. Comprehensive refractive index property for room-temperature ionic liquids. J Chem Eng Data, 2012, 57 (8): 2211-2216.

[9]　Lin H C, Oliveira P W, Veith M. Ionic liquid as additive to increase sensitivity, resolution, and diffraction efficiency of photopolymerizable hologram material. Appl Phys Lett, 2008, 93 (14): 141101.

[10]　Lin H C, Oliveira P W, Veith M. Application of ionic liquids in photopolymerizable holographic materials. Opt Mater, 2011, 33 (6): 759-762.

[11]　Smith D M, Cheng S, Wang W, Bunning T J, Li C Y. Polymer electrolyte membranes with exceptional conductivity anisotropy via holographic polymerization. J Power Sources, 2014, 271: 597-603.

[12]　倪名立, 陈冠楠, 彭海炎, 解孝林. 全息聚合物分散离子液体的制备及性能. 功能高分子学报, 2018, 31 (6): 540-545.

[13]　Fergus J W. Ceramic and polymeric solid electrolytes for lithium-ion batteries. J Power Sources, 2010, 195 (15): 4554-4569.

[14]　Cheng X B, Zhang R, Zhao C Z, Wei F, Zhang J G, Zhang Q. A review of solid electrolyte interphases on lithium metal anode. Adv Sci, 2016, 3 (3): 1500213.

[15]　Hu J, Wang W H, Peng H Y, Guo M K, Feng Y Z, Xue Z G, Ye Y S, Xie X L. Flexible organic-inorganic hybrid solid electrolytes formed via thiol-acrylate photopolymerization. Macromolecules, 2017, 50 (5): 1970-1980.

[16]　Smith D M, Dong B, Marron R W, Birnkrant M J, Elabd Y A, Natarajan L V, Tondiglia V P, Bunning T J, Li C Y. Tuning ion conducting pathways using holographic polymerization. Nano Lett, 2012, 12 (1): 310-314.

[17]　Smith D M, Pan Q, Cheng S, Wang W, Bunning T J, Li C Y. Nanostructured, highly anisotropic, and mechanically robust polymer electrolyte membranes via holographic polymerization. Adv Mater Interfaces, 2018, 5 (1): 1700861.

[18]　Yu R H, Li S B, Chen G N, Zuo C, Zhou B H, Ni M L, Peng H Y, Xie X L, Xue Z G. Monochromatic "photoinitibitor"-mediated holographic photopolymer electrolytes for lithium-ion batteries. Adv Sci, 2019, 6 (10): 1900205.

[19]　Park D H, Jeong W, Seo M, Park B J, Kim J M. Inkjet-printable amphiphilic polydiacetylene precursor for hydrochromic imaging on paper. Adv Funct Mater, 2016, 26 (4): 498-506.

[20]　Richter K H, Güttler W, Schwoerer M. UV-holographic gratings in TS-diacetylene single crystals. Appl Phys A, 1983, 32 (1): 1-11.

[21]　Wegner G. Topochemical reactions of monomers with conjugated triple-bonds. Ⅳ. Polymerization of bis-(p-toluene sulfonate) of 2.4-hexadiin-1.6-diol. Makromol Chem, 1971, 145 (1): 85-94.

[22]　Van Den Heuvel M, Prenen A M, Gielen J C, Christianen P C M, Broer D J, Löwik D W P M, Van Hest J C M.

Patterns of diacetylene-containing peptide amphiphiles using polarization holography. J Am Chem Soc, 2009, 131（41）: 15014-15017.

[23]   Van Tamelen E E, Pappas S P. Chemistry of Dewar benzene. 1,2,5-tri-*t*-butylbicyclo[2.2.0]hexa-2,5-diene. J Am Chem Soc, 1962, 84 （19）: 3789-3791.

[24]   Van Tamelen E E, Pappas S P. Bicyclo [2.2.0] hexa-2,5-diene. J Am Chem Soc, 1963, 85 （20）: 3297-3298.

[25]   Khan A, Stucky G D, Hawker C J. High-performance, nondiffusive crosslinked polymers for holographic data storage. Adv Mater, 2008, 20 （20）: 3937-3941.

[26]   Robello D R, Farid S Y, Dinnocenzo J P, Brown T G. Refractive index imaging via a chemically amplified process in a solid polymeric medium. Proc SPIE, 2006, 6117: 28-35.

[27]   Irie M. Diarylethenes for memories and switches. Chem Rev, 2000, 100 （5）: 1685-1716.

[28]   Raymo F M, Tomasulo M. Electron and energy transfer modulation with photochromic switches. Chem Soc Rev, 2005, 34 （4）: 327-336.

[29]   Yildiz I, Deniz E, Raymo F M. Fluorescence modulation with photochromic switches in nanostructured constructs. Chem Soc Rev, 2009, 38 （7）: 1859-1867.

[30]   Tian H, Yang S J. Recent progresses on diarylethene based photochromic switches. Chem Soc Rev, 2004, 33 （2）: 85-97.

[31]   杨素华, 庞美丽, 孟继本. 双功能螺吡喃螺噁嗪类光致变色化合物研究进展. 有机化学, 2011, 31 （11）: 1725-1735.

[32]   Rau H. Photoisomerization of azobenzenes. In: Rabeck F J. Photochemistry and Photophysics. Boca Raton: CRC Press, 1990: 119-141.

[33]   Kim D Y, Tripathy S K, Li L, Kumar J. Laser-induced holographic surface relief gratings on nonlinear optical polymer films. Appl Phys Lett, 1995, 66 （10）: 1166-1168.

[34]   Rochon P, Batalla E, Natansohn A. Optically induced surface gratings on azoaromatic polymer films. Appl Phys Lett, 1995, 66 （2）: 136-138.

[35]   Viswanathan N K, Kim D Y, Bian S P, Williams J, Liu W, Li L, Samuelson L, Kumar J, Tripathy S K. Surface relief structures on azo polymer films. J Mater Chem, 1999, 9 （9）: 1941-1955.

[36]   Dong F, Koudoumas E, Couris S, Shen Y Q, Qiu L, Fu X F. Sub-picosecond resonant third-order nonlinear optical response of azobenzene-doped polymer film. J Appl Phys, 1997, 81 （10）: 7073-7075.

[37]   Lee T S, Kim D Y, Jiang X L, Li L, Kumar J, Tripathy S. Photoinduced surface relief gratings in high-T_g main-chain azoaromatic polymer films. J Polym Sci Part A: Polym Chem, 1998, 36 （2）: 283-289.

[38]   Jiang X L, Li L, Kumar J, Kim D Y, Shivshankar V, Tripathy S K. Polarization dependent recordings of surface relief gratings on azobenzene containing polymer films. Appl Phys Lett, 1996, 68 （19）: 2618-2620.

[39]   Viswanathan N K, Balasubramanian S, Li L, Tripathy S K, Kumar J. A detailed investigation of the polarization-dependent surface-relief-grating formation process on azo polymer films. Jpn J Appl Phys, 1999, 38 （10）: 5928-5937.

[40]   Xie S, Natansohn A, Rochon P. Recent developments in aromatic azo polymers research. Chem Mater, 1993, 5 （4）: 403-411.

[41]   Hvilsted S, Andruzzi F, Kulinna C, Siesler H W, Ramanujam P. Novel side-chain liquid crystalline polyester architecture for reversible optical storage. Macromolecules, 1995, 28 （7）: 2172-2183.

[42]   Fukuda T, Keum C D, Matsuda H, Yase K, Tamada K. Photo-induced surface relief on azo polymer for optical component fabrication. Proc SPIE, 2003, 5183: 155-162.

[43]　龚文亮, 熊祖劲, 朱明强. 六芳基联咪唑分子开关的研究进展. 影像科学与光化学, 2014, 32（1）: 43-59.

[44]　Harada Y, Hatano S, Kimoto A, Abe J. Remarkable acceleration for back-reaction of a fast photochromic molecule. J Phys Chem Lett, 2010, 1（7）: 1112-1115.

[45]　Kishimoto Y, Abe J. A fast photochromic molecule that colors only under UV light. J Am Chem Soc, 2009, 131（12）: 4227-4229.

[46]　Mutoh K, Abe J. Comprehensive understanding of structure-photosensitivity relationships of photochromic [2.2]paracyclophane-bridged imidazole dimers. J Phys Chem A, 2011, 115（18）: 4650-4656.

[47]　Ishii N, Kato T, Abe J. A real-time dynamic holographic material using a fast photochromic molecule. Sci Rep, 2012, 2: 819.

关键词索引